# B. MARTIN et J. ROY
# SCIENCES et AGRICULTURE

DELALAIN FRÈRES
ÉDITEURS
115, Boul. Saint-Germain
PARIS

Hommage des Éditeurs. — Ce volume se vend cartonné, 1 fr. 20

# SCIENCES ET AGRICULTURE

J.-B. MARTIN

## COURS ÉLÉMENTAIRE

**A. SURIER** | **G. DURET**
INSPECTEUR DE L'ENSEIGNEMENT PRIMAIRE | DIRECTEUR D'ÉCOLE

# L'Arithmétique Simplifiée

EN CONCORDANCE AVEC

## la Géométrie et le Système métrique

TROIS COURS grand in-16

**Cours Enfantin** *et 1re Année du Cours Élémentaire*
1 vol. de IV-128 pages, cart. 75 c.

**Cours Élémentaire** *et 1re Année du Cours Moyen*
1 vol. de IV-172 pages, cart. 1 f.

**Cours Moyen et Supérieur** *(Cours du Certificat d'Études)*
1 vol. de VIII-272 pages, cart. 1 fr. 50 c.

*Le Livre du Maître (Cours Moyen)* br. 3 fr. 50 c.

**Calcul Mental** (LIVRE DU MAITRE)
1 vol. petit in-32 de poche de 116 pages, cart. 75 c.

---

**G. BOISSEAU**
INSTITUTEUR PRIMAIRE

Ouvrages à l'usage des commençants
*(Imprimés en noir et rouge)*

Médaille d'argent
EXPOSITION UNIVERSELLE DE 1900

# Le Livre du Premier Age

Enseignement intuitif et simultané de la Lecture, de l'Orthographe, du Calcul et du Dessin, avec conseils pédagogiques; 1 vol. in-4° tellier, avec 160 gravures instructives, cart. 90 c.

# Le Livre Unique du Cours préparatoire

Enseignement intuitif et simultané des matières du programme du Cours préparatoire : Lectures morales, Résumés, Morceaux de Récitation, Causeries, Devoirs écrits, Dessin, Histoire et Géographie; 1 vol. in-4° tellière avec 330 gravures instructives, cart. 1 fr. 25 c.

# Le Livre Pratique du Cours Élémentaire

Contenant toutes les matières du Cours élémentaire divisées par semaine : Morale, Lecture et Récitation, Grammaire et Conjugaison, Géographie et Histoire, Arithmétique, Système métrique et Géométrie, Problèmes, Dessin, Sciences; 1 vol. in-4° avec nombreuses gravures, cart. 3 fr.

# Le Vocabulaire de l'Enfance

PREMIER VOLUME : **Cours Élémentaire.**
Étude raisonnée et intuitive des mots usuels de la Langue française
1 vol. in-4° tellière, avec 460 gravures et figures d'ensemble, cart. 1 fr. 65 c.
Le Livre du Maître, 1 vol. in-12, br. 1 fr. 25 c.
SECOND VOLUME : **Cours Moyen et Supérieur.**
Étude raisonnée et intuitive des mots usuels de la Langue française
1 vol. in-4° tellière, avec 570 gravures et figures d'ensemble, cart. 2 fr. 25 c.
Le Livre du Maître, 1 vol. in-12, br. 2 fr. 50 c.

COURS DE SCIENCES ET D'AGRICULTURE PAR MARTIN ET ROY

# Sciences et Agriculture

## COURS ÉLÉMENTAIRE
### ET I<sup>re</sup> ANNÉE DU COURS MOYEN

### Par M. J.-B. MARTIN

INGÉNIEUR AGRONOME (I. N. A.), PROFESSEUR DÉPARTEMENTAL D'AGRICULTURE
OFFICIER DE L'INSTRUCTION PUBLIQUE, CHEVALIER DU MÉRITE AGRICOLE.

*« Les Choses avant les Mots »*

PARIS

IMPRIMERIE ET LIBRAIRIE CLASSIQUES

## DELALAIN FRÈRES

115, BOULEVARD SAINT-GERMAIN, 115

# COURS DE SCIENCES ET D'AGRICULTURE

### 3 volumes grand in-16

| **J.-B. MARTIN** | **J. ROY** |
|---|---|
| INGÉNIEUR AGRONOME (I. N. A.) | INSPECTEUR DE L'ENSEIGNEMENT PRIMAIRE |
| PROFESSEUR DÉPARTEMENTAL D'AGRICULTURE | OFFICIER DE L'INSTRUCTION PUBLIQUE |
| OFFICIER DE L'INSTRUCTION PUBLIQUE | |

## COURS ÉLÉMENTAIRE

# Sciences et Agriculture

1 vol. grand in-16 de 168 pages, avec 295 gravures, *cart. 1 f. 20 c.*

---

## COURS MOYEN ET SUPÉRIEUR

# Éléments des Sciences

*Appliquées à l'Agriculture, à l'Industrie, à l'Économie domestique, à l'Hygiène;* 1 vol. gr. in-16 de 284 pages, avec 355 gravures, cart. 1 fr. 80 c.

# Agriculture et Jardinage

*Principes scientifiques et Applications;* 1 vol. grand in-16 de 288 pages, avec 263 gravures, cart. 1 fr. 80 c.

[MÉDAILLE D'ARGENT, Exposition de 1900.]]



1906.

# PRÉFACE

Pour répondre au désir exprimé par un grand nombre de maîtres et de maîtresses, et en présence de l'accueil fait à notre *Cours moyen et supérieur d'Éléments des Sciences*, nous nous sommes décidé à écrire ce *Cours élémentaire*.

Cet ouvrage, comme les précédents, a été rédigé d'après les instructions ministérielles du 4 janvier 1897.

Conformément à ces instructions, le programme des Sciences physiques et naturelles et le programme d'Agriculture se pénètrent intimement. Nous nous sommes efforcé de donner à ce Cours un fond rigoureusement scientifique; mais nous avons eu soin de baser les notions scientifiques sur l'observation directe des phénomènes naturels, et sur de petites démonstrations. Les notions d'agriculture, comme celles d'hygiène et d'économie domestique, découlent naturellement des connaissances scientifiques graduellement acquises et de l'observation des faits.

Il importe d'habituer de bonne heure l'enfant à « ne pas se payer de mots », mais à voir, à observer, à réfléchir, à comprendre et à retenir. Il faut, dès le jeune âge, donner à son esprit une tournure scientifique, l'ouvrir à la vérité et à la raison.

Nous avons donc tâché de rendre ce Cours absolument scientifique, mais concret et intuitif : il est constitué par un enchaînement de leçons de choses.

Grâce au musée scolaire, à de petites expériences faciles et à des promenades scolaires; grâce aussi aux nombreuses gravures très soignées qui accompagnent notre texte, l'enfant comprendra sans efforts, et s'assimilera facilement ces notions scientifiques.

Tels sont les sentiments qui nous ont guidé, telle est la règle suivie.

L'ouvrage contient soixante leçons.

Chaque leçon comprend un texte, que nous avons cherché à rendre aussi précis, clair et attrayant que possible, un résumé et quelques devoirs.

Le texte devra être expliqué, commenté et surtout appuyé par des démonstrations pratiques.

Le résumé, très simple, comme il convient pour de tout jeunes enfants, est destiné à être appris par cœur. Il est accompagné d'un questionnaire; mais les maîtres qui ne sont pas partisans d'une méthode interrogatoire, peuvent laisser le questionnaire de côté : la tournure donnée à la rédaction du résumé le permet.

Les leçons d'agriculture, d'hygiène, d'économie domestique ont été placées à la suite des leçons de sciences avec lesquelles elles ont quelque rapport ou dont elles sont, pour ainsi dire, l'application. Mais il n'y

a pas d'inconvénient à en examiner quelques-unes au
moment même où il est facile de mettre sous les yeux
des élèves les choses étudiées : par exemple, les prairies en juin, la vigne en septembre, etc.

Ce sont là d'ailleurs des indications tout à fait inutiles : quand ce petit livre sera entre les mains du
dévoué personnel de nos écoles primaires, maîtres et
maîtresses sauront bien, dans l'intérêt de leur enseignement, en tirer tout le parti possible.

J.-B. Martin.

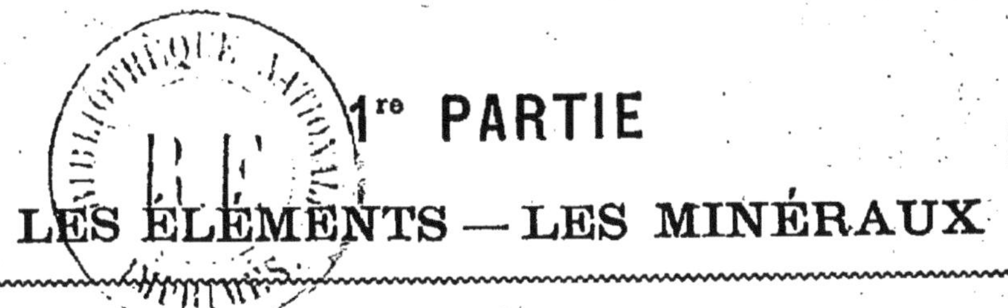

# 1re PARTIE

# LES ÉLÉMENTS — LES MINÉRAUX

## 1re LEÇON

## *Les trois règnes. — Les trois états des corps.*

**Les règnes de la nature.** — Mes enfants, avez-vous quelquefois réfléchi à la diversité des êtres, à la profusion des choses qui vous entourent?

Dans les fermes, le long des chemins, que voyez-vous?

Des animaux gros ou petits, des plantes, des arbres, des cailloux, de l'eau, du sable, etc.

Tous ces êtres si variés, si divers, tous ces objets, toutes ces choses si dissemblables qui forment la terre ou existent à sa surface peuvent être rangés en trois groupes, en trois règnes :

1o le *règne minéral*, qui comprend tous les corps inertes, sans vie, incapables de se mouvoir si rien ne les attire : tels sont le sable, la pierre, l'eau, l'air, le feu (*fig.* 1);

Fig 1. Une pierre
(règne minéral).

Fig. 2. Un arbre
(règne végétal).

Fig. 3. Une vache
(règne animal).

2o le *règne végétal*, qui comprend tous les végétaux, toutes les plantes, c'est-à-dire des êtres qui vivent, grandissent, se reproduisent sans changer de place : le blé, la vigne, le chêne (*fig.* 2);

3o le *règne animal*, qui comprend tous les animaux, c'est-à-dire tous les êtres qui vivent, grandissent, se reproduisent, changent de place et meurent; ex. : la mouche, l'oiseau, la vache (*fig.* 3), le chien, etc.

**Les trois états des corps.** — Comparons entre elles différentes substances ou, comme on dit encore, différents corps : un morceau de bois, une pierre, de l'eau, du lait, de la craie, de la fumée.

Vous voyez que ces corps ne se ressemblent pas, ils n'ont pas la même forme, le même aspect.

Et cependant la pierre, le fer, le bois, la paille restent dans la même position où on les place : ce sont des *corps solides*.

L'eau, le vin, le lait, l'huile... coulent dès que rien ne les retient : ce sont des *corps liquides*.

Enfin la vapeur d'eau, la fumée s'échappent, montent dans l'air : ce sont des *corps gazeux*, des *gaz*.

Si nous passions en revue tous les corps qui nous entourent, tout ce qui existe dans la nature, nous verrions que tous les corps se présentent sous l'un des trois états, solide, liquide, gazeux.

Fig. 4. Les trois états des corps.

**L'eau passe facilement par ces trois états** (*fig.* 4). — Voici de l'eau, par exemple : elle est à l'état liquide; chauffons-la : voyez, elle bout, se change en vapeur et s'échappe à l'état gazeux; en hiver pendant les grands froids, elle se change en glace et prend l'état solide.

Plaçons une assiette froide au-dessus d'une casserole contenant de l'eau en ébullition (*fig.* 3o) : la vapeur d'eau, au contact de l'assiette, se refroidit et reprend l'état liquide; et voilà sur notre assiette des gouttes d'eau qui coulent. Cette eau, s'il faisait assez froid, deviendrait à son tour de la glace, que je pourrais faire fondre ensuite, puis ramener à l'état de vapeur.

Ainsi l'eau et la plupart des corps peuvent prendre successivement les trois états : solide, liquide, gazeux.

## *Résumé.*

| | |
|---|---|
| 1. Comment se divise la nature? | Tout ce qui existe dans la nature se divise en trois règnes : le règne *minéral*, le règne *végétal* et le règne *animal*. |
| 2. Qu'est ce que le règne minéral? | Le *règne minéral* comprend tous les corps inertes, sans vie : le sable, l'eau. |
| 3. Qu'est-ce que le règne végétal? | Le *règne végétal* comprend toutes les plantes, c'est-à-dire les êtres qui vivent sans changer de place : la vigne, le chêne. |

1.

| 4. Qu'est-ce que le règne animal? | Le *règne animal* comprend tous les animaux ou tous les êtres qui peuvent se mouvoir : le chat, le bœuf. |
| 5. Sous quel aspect se présentent les corps? | Les corps sont *solides*, comme la pierre, le fer; *liquides*, comme l'eau, l'huile ; *gazeux*, comme la vapeur, l'air. |
| 6. Les corps peuvent-ils changer d'état? | Presque tous les corps peuvent prendre successivement les trois états : solide, liquide ou gazeux. |

DEVOIRS. — I. *Montrez, par des exemples, comment on distingue les trois règnes de la nature.*

II. *Montrez, par des exemples, que les corps qui nous entourent peuvent changer d'état; et indiquez les causes qui déterminent ces changements.*

## 2e LEÇON

### L'air.

**Présence de l'air.** — Prenez votre cahier et agitez-le devant votre visage : vous sentez du vent qui vous rafraîchit. Et maintenant soufflez sur vos doigts : vous sentez aussi du vent. Lorsque vous soufflez sur le feu à l'aide d'un soufflet, la flamme est poussée par le vent qui sort du soufflet. De même les arbres que vous voyez s'agiter sont poussés par le vent.

Ce vent, mes amis, c'est de l'*air* qui a été mis en mouvement.

**L'air est un corps gazeux.** — Voici une bouteille; elle vous semble vide, n'est-ce pas? Détrompez-vous, elle est pleine.

Je la plonge renversée dans l'eau, bien verticalement. Vous voilà surpris : la bouteille s'emplit bien un peu, mais pas complètement. Il y a donc quelque chose dans la bouteille qui s'oppose à l'entrée de l'eau.

Fig. 5. Une bouteille vide contient de l'air.

Fig. 6. Expérience montrant la présence de l'air.

C'est de l'air, et la preuve, la voici. J'incline la bouteille: entendez ce glouglou; voyez ces bulles : c'est l'air qui s'échappe, et en même temps l'eau entre dans la bouteille et la remplit complètement (*fig.* 5). Il en serait de même avec un verre (*fig.* 6).

Et maintenant renversons cette bouteille remplie d'eau : l'eau s'écoule en même temps que les bulles d'air rentrent, en produisant un glouglou semblable à celui que vous entendiez tout à l'heure quand les bulles sortaient.

La bouteille est vide d'eau, mais elle est remplie d'air.

**Il y a de l'air partout.** — Cet air, vous ne le voyez pas; c'est un gaz sans couleur, sans odeur. Il nous environne de toutes parts. Cette salle en est remplie. L'air existe partout où nous vivons, partout où vivent les êtres. Il est indispensable à la vie des animaux et des plantes. L'air n'est pas un gaz simple; c'est un mélange de divers gaz.

**Composition de l'air.** — Pour vous le montrer, je prends ce flacon que vous savez plein d'air et je le renverse sur cette bougie allumée fixée dans ce vase contenant de l'eau (*fig.* 7).

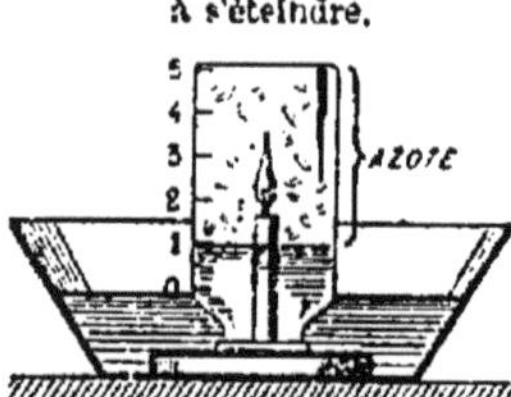


Fig. 7. L'air est composé de 1/5 d'oxygène et de 4/5 d'azote.

Immédiatement l'eau monte dans le flacon; mais bientôt la bougie s'éteint et l'eau cesse de monter. Que pensez-vous de cela?

C'est que l'air contenait de l'*oxygène* qui a brûlé la bougie. L'oxygène a disparu par suite de la combustion et l'eau a pris sa place. L'air qui reste au-dessus de l'eau est principalement composé d'*azote*, lequel est incapable d'entretenir la combustion; c'est pourquoi la bougie s'éteint.

Remarquez que l'eau s'est élevée environ au cinquième de la partie du flacon hors de l'eau : il a pris la place occupée par l'oxygène (*fig.* 7).

L'air est donc composé d'environ un *cinquième* d'oxygène et *quatre cinquièmes* d'azote. Il existe aussi

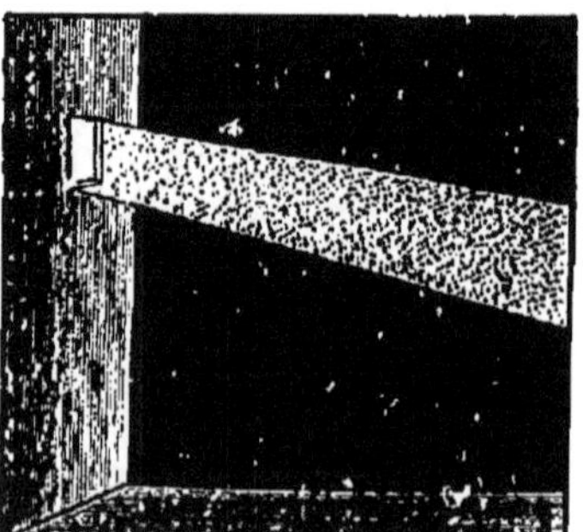
Fig. 8. L'air contient des poussières, des miasmes.

dans l'air une toute petite quantité d'*acide carbonique* et de vapeur d'eau. Ajoutons encore que l'air tient en suspension des poussières extrêmement fines.

**Les poussières, les miasmes vicient l'air.** — Examinez ces rayons entrant par le trou du volet dans notre classe obscure et voyez ces myriades de poussières qui flottent dans l'air (*fig.* 8). Parmi ces poussières se trouvent parfois, dans les endroits insalubres, des *microbes*, des germes qui engendrent de graves maladies : le croup, la tuberculose, etc.

Tâchons donc de respirer toujours un air pur.

### *Résumé.*

| | |
|---|---|
| 1. Que savez-vous de l'air ? | L'air est un gaz sans couleur, ni odeur, ni saveur. |
| 2. Où se trouve-t-il ? | Il pénètre partout, même dans les objets qui nous semblent vides. |
| 3. Quel est son rôle ? | Il est indispensable à la vie des végétaux et des animaux. |
| 4. Quelle est sa composition ? | L'air est composé principalement d'oxygène et d'azote. Mais il contient aussi d'autres gaz en très petite quantité et des poussières, parmi lesquelles se trouvent des microbes, germes de graves maladies. |

**DEVOIRS.** — I. *Qu'est-ce que l'air ? Démontrez que c'est un gaz. Faites connaître sa composition.*

II. *Comment constatez-vous la présence des poussières dans l'air ? Que sont ces poussières ? Quels dangers nous font-elles courir ?*

## ———— 3ᵉ LEÇON ————

### *L'Oxygène.*

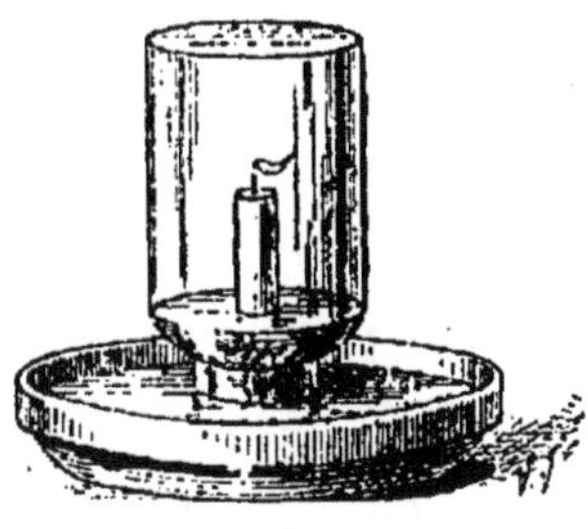
Fig. 9. L'oxygène disparaît peu à peu et la bougie s'éteint.

**L'oxygène brûle les corps.** — Recommençons notre expérience de la bougie brûlant sur l'eau dans un flacon (*fig.* 9).

L'oxygène de l'air brûle la bougie et peu à peu disparaît ; alors la bougie s'éteint. Il ne reste plus dans le flacon que de l'azote.

Je soulève le flacon et j'y introduis

vivement une allumette enflammée : elle s'éteint immédiatement; une bande de papier enflammée s'y éteint de même.

L'azote n'entretient donc pas la combustion; seul l'oxygène possède cette propriété.

Voici une autre expérience qui vous le démontre clairement.

Dans ce flacon renfermant de l'oxygène pur, et que nous apprendrons plus tard à préparer, je plonge cette bougie éteinte, dont la mèche est encore rouge : elle se rallume (*fig.* 10). De même, cette allumette qui présente encore une petite braise s'enflamme à son tour.

Regardez : ce charbon à peine allumé va brûler avec une ardeur extraordinaire. Nous pouvons aussi faire brûler dans l'oxygène le soufre, le phosphore, et jusqu'à ce ressort de montre dont l'extrémité a été préalablement chauffée au rouge (*fig.* 11).

Fig. 10. Le charbon brûle avec éclat dans l'oxygène.

Fig. 11. Combustion d'un fil de fer dans l'oxygène.

### Combustion vive ; combustion lente.

— C'est donc l'oxygène de l'air qui brûle le bois, la houille, le coke, que nous mettons dans la cheminée.

De même, c'est l'oxygène qui brûle le pétrole ou l'huile de la lampe, le phosphore, le soufre et le bois de l'allumette.

Lorsque l'oxygène de l'air arrive en grande quantité sur un corps déjà enflammé, le feu est activé et la combustion est *vive*.

Mais l'oxygène agit aussi sur les corps non enflammés et les brûle lentement. La combustion dans ce cas se fait sans flamme : c'est une combustion *lente*.

Si nous placions une souris, un oiseau dans un flacon d'oxygène, ils ne pourraient y vivre : leur respiration serait trop active, leurs organes seraient brûlés peu à peu (*fig.* 12).

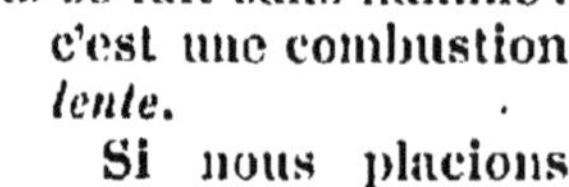


Fig. 12. Dans l'oxygène, la respiration des animaux est plus active que dans l'air.

Dans l'air, l'azote a précisément pour objet d'atténuer les effets de l'oxygène, d'empêcher cette combustion trop active.

L'oxygène de l'air que nous respirons arrive dans nos poumons, et de là passe dans notre sang, qu'il brûle lentement et qu'il vivifie, produisant ainsi la chaleur de notre corps.

### Résumé.

| | |
|---|---|
| 1. Qu'est-ce que l'oxygène et à quoi sert-il ? | L'oxygène est un gaz qui entre dans la composition de l'air et qui entretient la combustion. |
| 2. Son action est-elle active ? | L'action de l'oxygène est très active ; il brûle rapidement, avec flamme, un charbon à peine allumé. |
| 3. Ne s'exerce-t-elle que sur les corps enflammés ? | Cette action s'exerce même sur les corps non enflammés, qu'il attaque peu à peu et sans flamme : c'est la *combustion lente*. |
| 4. Un animal peut-il vivre dans l'oxygène ? | Un animal plongé dans l'oxygène pur y périt, car sa respiration y est trop active. |
| 5. Quel effet produit en nous l'oxygène ? | Dans l'air, l'azote modère l'action de l'oxygène qui purifie notre sang et entretient la chaleur de notre corps. |

DEVOIRS. — I. *Donnez des exemples de combustion lente, et indiquez-en la cause.*

II. *Dites ce que vous entendez par combustion vive. Donnez des exemples de combustion vive. A quoi est-elle due ?*

## 4ᵉ LEÇON

### L'Atmosphère.

**Pression atmosphérique.** — L'air nous entoure de toutes parts. Il forme autour de la terre une enveloppe appelée *atmosphère*.

L'air est pesant ; il presse sur les corps qu'il environne.

Fig. 13. Expérience démontrant la pression atmosphérique.

Sur ce verre complètement rempli d'eau, je pose une feuille de papier, et je place un livre sur le papier. Je retourne le tout, et tout doucement j'enlève le livre. L'eau ne tombe pas. L'air presse sur l'eau la feuille de papier, qui ferme ainsi le verre (*fig.* 13). Cette pression de l'air s'appelle *pression atmosphérique*.

Voici un tube de verre complètement rempli d'eau. Je ferme avec le doigt l'une

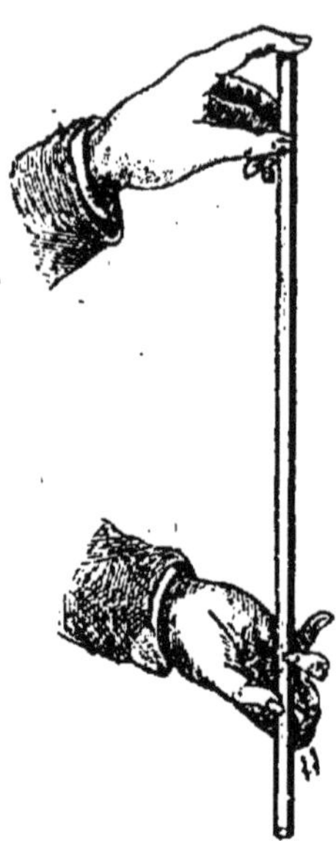

Fig. 14. Autre expérience montrant la pression atmosphérique.

de ses extrémités; je le mets debout : l'eau ne coule pas (*fig.* 14). La pression atmosphérique ne s'exerce sur l'eau qu'à la partie inférieure du tube et maintient cette eau dans le tube.

J'enlève le doigt : la pression atmosphérique s'exerce à la partie supérieure comme à la partie inférieure, et voilà l'eau qui coule aussitôt, entraînée par son propre poids.

C'est la pression atmosphérique qui maintient un sou appliqué contre une glace; c'est elle qui empêche un liquide de s'échapper du robinet d'un fût complètement plein et bien bondé.

Fig. 15. Baromètre à mercure.

**Baromètre.** — La pression atmosphérique, autrement dit le poids de la colonne d'air qui est au-dessus de nous, varie constamment suivant l'état de chaleur, d'humidité, etc., de l'atmosphère. Ces variations de la pression atmosphérique sont indiquées par un instrument appelé *baromètre* (*fig.* 15).

Lorsque le baromètre monte lentement et d'une façon continue, il y a des chances de beau temps. Le contraire est signe de pluie.

**Applications de la pression atmosphérique.** — Regardez cette seringue que j'ai faite avec une branche de sureau (*fig.* 16) : voici le piston et voilà le tuyau. Je plonge l'extrémité de cette

Fig. 16. Seringue en sureau.

seringue dans l'eau et je tire le piston : l'air qui est dans la seringue est entraîné au-dessus du piston.

Je fais donc *le vide* au-dessous du piston; mais en même temps l'eau, poussée par la pression atmosphérique, prend la place de l'air, qui ne lui fait plus résistance, suit le piston et monte dans la seringue.

C'est la pression atmosphérique de l'air qui fait également monter l'eau dans les pompes (*fig.* 17). Les pompes servent à élever l'eau des puits ou des citernes.

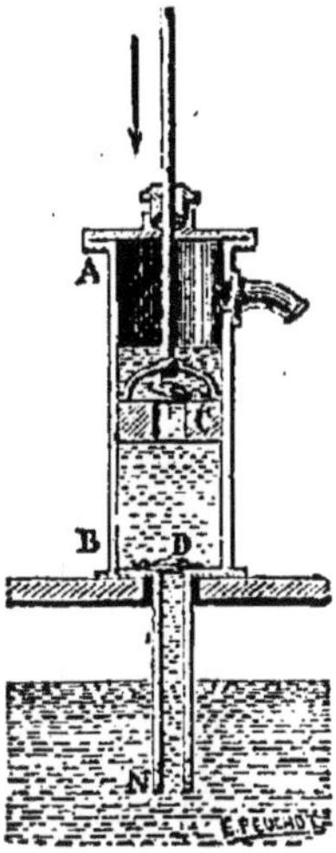

### Résumé.

| | |
|---|---|
| 1. Qu'entend-on par atmosphère? | On appelle *atmosphère* l'air qui nous entoure. |
| 2. Qu'est-ce que la pression atmosphérique? Est-elle variable? | L'atmosphère est pesante et presse sur tous les corps : c'est la *pression atmosphérique*. Elle varie suivant l'état de chaleur ou d'humidité de l'air. |
| 3. Avec quoi la mesure-t-on ? | On mesure la pression atmosphérique à l'aide d'un instrument appelé *baromètre*. |
| 4. A quels usages la fait-on servir ? | C'est la pression atmosphérique qui fait monter l'eau dans les pompes employées pour élever l'eau des puits et des citernes. |

Fig. 17.
Pompe aspirante.

DEVOIRS. — I. *Montrez par des exemples que l'air est pesant.*

II. *Dites ce que vous savez du baromètre ; de quoi il se compose ; ce qu'il indique ; les services qu'il rend.*

## —— 5ᵉ LEÇON ——

## *Le Sol. — Aération du sol.*

**La terre végétale.** — La terre, que les anciens croyaient plate, a la forme d'une boule. Elle est formée par des matières minérales plus ou moins dures, appelées *roches*.

Les roches superficielles, attaquées par l'eau et par la gelée, déchirées par les instruments aratoires, ont formé le *sol* ou terre arable (*fig.* 18).

**Composition de la terre.** — Voici une poignée de terre, je la mets dans ce vase, j'agite et je laisse reposer (*fig.* 19) : les éléments grossiers, lourds, se déposent. Ce dépôt est constitué

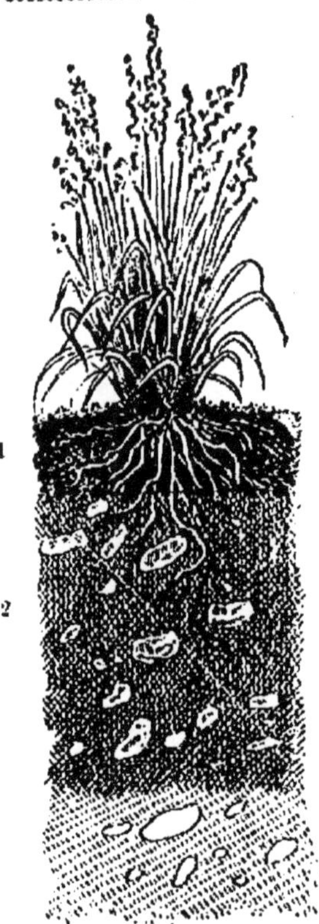

Fig. 18. La terre végétale.
1. Couche arable; 2. Sous-sol.

par du *sable* et du *calcaire*. Je verse l'eau trouble dans un deuxième vase; au bout d'un peu de temps, l'eau s'éclaircit et un dépôt s'est formé : c'est de l'*argile*.

L'argile est une substance collante qui agglutine le sable et le calcaire.

Indépendamment de ces trois éléments, sable, calcaire, argile, il en existe un qua-

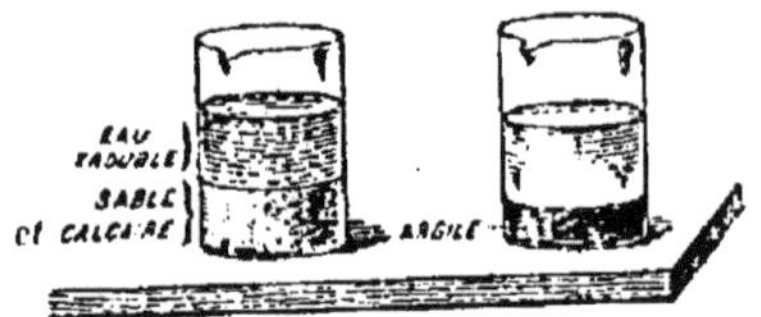


Fig. 19. Analyse de la terre.

trième, *l'humus*, qui provient de la décomposition des fumiers ou des débris animaux ou végétaux enfouis dans le sol. L'humus fournit des aliments aux plantes; il maintient la fraîcheur dans les sols sableux ou calcaires et assouplit les terres argileuses; c'est donc un élément utile.

Ainsi le sol est composé de quatre éléments : le sable ou silice, le calcaire, l'argile et l'humus.

**Propriété des diverses terres.** — L'excès de l'un ou de l'autre de ces éléments nuit

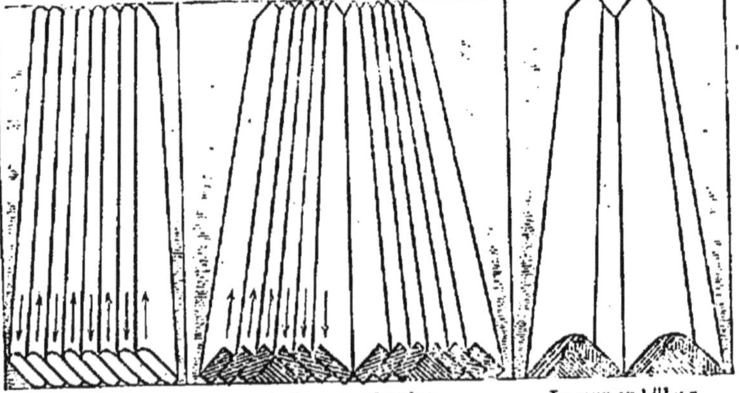


Fig. 20. Les différentes sortes de labours.

aux qualités du sol : ainsi les terres *argileuses* sont compactes, froides, difficiles à travailler; les terres *siliceuses* et les terres *calcaires* sont trop légères, se dessèchent trop rapidement; les terres *humifères* sont acides, parfois tourbeuses et marécageuses.

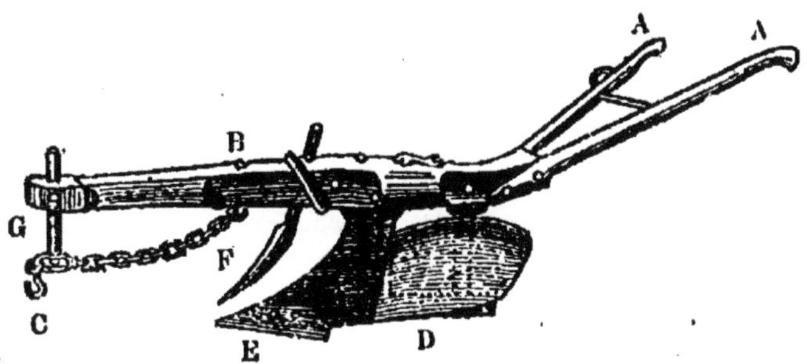

Fig. 21. Charrue ordinaire,
A. Mancherons; B. Age; C. Crochet d'attelage; D. Versoir; E. Soc;
F. Coutre; G. Régulateur.

Les meilleures terres sont les terres *franches*, constituées par le sable, le calcaire, l'argile et l'humus en proportion convenable.

**Ameublissement et aération du sol.** — Les racines des plantes ont besoin d'air et d'eau. Pour être fertile, un sol ne doit pas seulement être bien constitué, il doit être aéré et suffisamment humide.

Un sol remué est mieux aéré et retient mieux l'eau qu'un sol tassé.

Les labours sont indispensables; ils retournent le sol, l'ameublissent, le rendent plus perméable à l'air et le maintiennent en meilleur état de fraîcheur.

On laboure aussi pour défricher des landes ou des prairies, ou pour enfouir des engrais ou des semences.

Les labours (*fig.* 20) s'effectuent à l'aide de la charrue (*fig.* 21) dans les champs, et de la bêche dans les jardins.

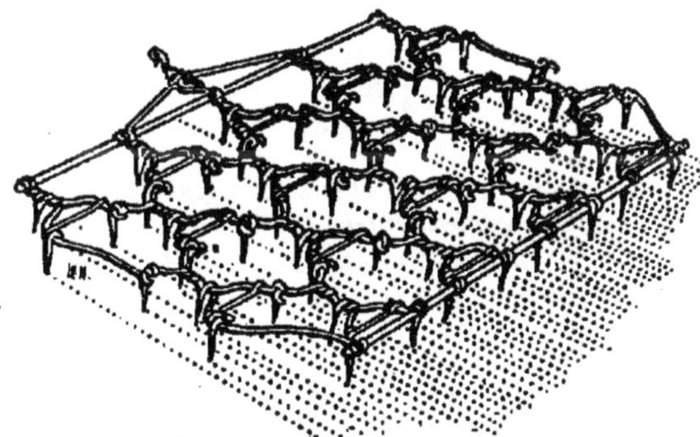

Fig. 22. Herse articulée.

Ils sont complétés par des hersages (*fig.* 22) qui ameublissent et nivellent le sol, et par des roulages qui écrasent les mottes (*fig. 23*).

Fig. 23. Rouleau plombeur.

## Résumé.

1. Qu'appelle-t-on terre arable?

Le sol, ou *terre arable*, est formé par les roches superficielles que l'eau ou la gelée a effritées.

2. De quoi est formée cette terre?

Cette terre est constituée par quatre éléments : le sable, le calcaire, l'argile et l'humus.

3. D'où provient l'humus? Quel est son rôle?

L'humus provient de la décomposition des débris végétaux ou animaux enfouis dans le sol ; il fournit des aliments aux plantes et entretient la fraîcheur du sol.

4. Quelles sont les meilleures terres?

Les meilleures terres sont les terres franches.

5. Pourquoi laboure-t-on le sol?

Il est nécessaire d'ameublir le sol par des labours, que l'on effectue à l'aide de la charrue ou de la bêche, et que l'on fait suivre de hersages et de roulages.

DEVOIRS. — I. *Quels sont les éléments qui constituent une bonne terre? D'où proviennent-ils?*

II. *Pourquoi doit-on ameublir la terre? Comment l'ameublit-on? Dites ce que vous savez des instruments que l'on emploie.*

## ——————— 6ᵉ LEÇON ———————

## L'Eau.

**L'eau est un corps liquide.** — L'eau est un corps liquide, et, comme tous les corps liquides, elle n'a pas de forme propre, elle coule dès que rien ne la retient (*voy.* 1ʳᵉ Leçon).

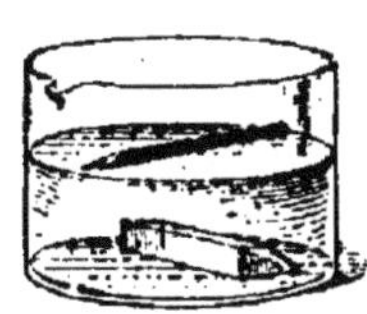

Fig. 24. Le crayon flotte, la craie tombe au fond.

Dans ce vase contenant de l'eau, je jette un morceau de craie : il s'enfonce et gagne le fond, parce qu'il est plus lourd que l'eau; un corps plus léger que l'eau flotterait à sa surface : c'est ce qui arrive avec ce crayon (*fig.* 24).

Mais le morceau de craie qui a disparu dans l'eau n'est pas invisible : regardez-le. Vous le voyez comme vous voyez les poissons qui sont dans l'eau, les cailloux dans la rivière.

**L'eau est transparente.** — L'eau laisse donc voir les corps qu'elle recouvre : elle est transparente. L'air et le verre, à travers lesquels on peut voir les objets, sont comme l'eau des corps transparents.

L'eau pure est transparente, claire, limpide, mais elle n'a pas de couleur : elle est incolore. Cependant, quand on la voit sur une grande épaisseur, elle paraît bleue.

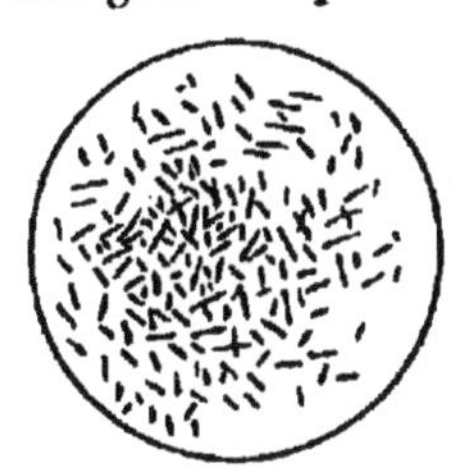

Fig. 25. Microbe de la fièvre typhoïde (vu au microscope).

Les eaux colorées sont des eaux troubles, impures ; telles sont les eaux des rivières après les fortes pluies.

Les eaux impures contiennent souvent des microbes, c'est-à-dire des germes d'une foule de maladies. Aussi importe-t-il de ne consommer que des eaux saines. Ces germes sont extrêmement petits : il en faut parfois plus d'un mille placés bout à bout pour couvrir un millimètre (*fig.* 25).

**L'eau dissout certains corps.** — Dans ce verre d'eau, je mets un morceau de sucre, dans celui-ci du sel de cuisine, dans cet autre du nitrate de soude. J'agite l'eau à l'aide d'une baguette : voyez, le sucre, le sel, le nitrate disparaissent... ils ont disparu!

Ces corps ont fondu dans l'eau ou, pour mieux dire, ont été dissous.

L'eau a donc la propriété de dissoudre certains corps solides.

C'est pourquoi l'on rencontre des *eaux minérales* contenant différentes substances qui leur donnent des propriétés médicinales : telles les eaux de Vichy, qui renferment du bicarbonate de soude; les eaux du Mont-Dore, qui contiennent de l'arsenic; les eaux de Barèges, qui contiennent du soufre.

L'eau de la mer est fortement salée.

L'eau dissout aussi les gaz et notamment l'air. Et c'est précisément parce que l'eau dissout de l'air et parce qu'elle contient de l'air en dissolution que les poissons peuvent vivre dans l'eau. N'avons-nous pas dit que l'air est indispensable aux êtres vivants ?

Les sept dixièmes de la surface de la terre sont occupés par la mer.

**Sources.** — L'eau tombe à la surface de la terre sous forme de pluie ; une partie de cette eau glisse, ruisselle sur le sol, coule le long des pentes et vient dans les vallées grossir les rivières. Une autre partie s'enfonce dans le sol jusqu'à ce qu'elle rencontre une couche de terre imperméable qui l'arrête.

Fig. 26. Explication de la source et du puits.

Il se forme alors une nappe d'eau que l'on peut atteindre à l'aide d'un puits, ou qui vient sortir d'elle-même à la surface du sol en formant une *source* (*fig.* 26).

Fig. 27. La source.

Fig. 28. Le ruisseau.

Fig. 29. La mer.

Les sources sont le point de départ des cours d'eau (*fig.* 27, 28 et 29).

### Résumé.

1. Qu'est-ce que l'eau ?

L'eau pure est un corps liquide, transparent, incolore. Une eau trouble est une eau chargée de matières étrangères, souvent malsaines.

| | |
|---|---|
| 2. Quelles sont ses propriétés ? | L'eau a la propriété de dissoudre les matières minérales et les gaz. |
| 3. Que forme-t-elle ? | Elle forme les mers, qui occupent les 7/10 de la surface du globe. |
| 4. Que devient l'eau des mers ? | L'eau des mers, évaporée par le soleil, forme les nuages et retombe en pluie. |
| 5. Comment se forment les sources ? | La pluie ruisselle à la surface du sol ou pénètre dans la terre et forme les sources, origine des cours d'eau. |

**DEVOIRS.** — I. *Vous regardez couler une source. Comment se forme cette source ? D'où vient cette eau ; où va-t-elle ? Que deviendra-t-elle ?*

II. *Que pensez-vous de la composition de l'eau ? Parlez de ses propriétés.*

## ——— 7ᵉ LEÇON ———

## Changements d'état de l'eau.

**Les états de l'eau.** — L'eau passe facilement par les trois états : solide, liquide, gazeux.

De cette casserole d'eau bouillante, voyez s'élever cette vapeur : c'est l'eau qui s'échappe sous forme de gaz. Et cette vapeur d'eau, cette eau gazeuse, au contact de cette assiette froide, redevient liquide : la voyez-vous retomber goutte à goutte (*fig.* 30) ?

**Nuages.** — Sous l'influence de la chaleur du soleil, l'eau de la mer, les eaux des lacs ou des rivières, et même l'eau qui humecte la terre, dégagent une grande masse de vapeur d'eau qui s'amasse dans l'atmosphère à l'état de fines gouttelettes : ce sont les *nuages*.

Lorsque ces nuages poussés par le vent arrivent dans une partie plus froide de l'atmo-

Fig. 30. La vapeur d'eau bouillante, au contact d'une assiette froide, se condense et retombe goutte à goutte.

sphère, il se produit le phénomène que vous avez observé à l'instant sur l'assiette : les minuscules gouttelettes d'eau du

Fig. 31. Nuages (pluie).

nuage grossissent, deviennent plus lourdes que l'air et retombent : c'est la *pluie* (*fig.* 31).

La pluie alimente les sources, elle rafraîchit le sol, qui fournit aux plantes l'eau dont elles ont besoin.

**Brouillards.** — Quand ces nuages se forment près du sol, ils constituent les *brouillards.* Dès que le sol est suffisamment réchauffé par le soleil, les brouillards se dissipent, les fines gouttelettes d'eau s'évaporent et gagnent les parties plus profondes de l'atmosphère.

**Rosée.** — Je viens de placer devant vous une carafe d'eau très fraîche. L'eau ne peut passer à travers le verre, et cependant voici que cette carafe se couvre de buée, de fines gouttelettes qui, en certains points, se réunissent et coulent le long des parois. Comment expliquer cela? C'est simple : la vapeur d'eau de cette salle, au contact des parois froides de la carafe, se refroidit, redevient liquide et se dépose sous forme de buée, c'est-à-dire de fines gouttelettes.

Le même fait se produit à la surface de la terre : pendant la nuit, la terre et les plantes se refroidissent; l'air en contact avec la terre se refroidit aussi, et la vapeur d'eau qu'il contient se transforme en gouttelettes d'eau — la *rosée* — qui s'attachent aux brins d'herbes et que vous voyez scintiller le matin aux premiers rayons du soleil. La rosée rafraîchit les plantes, elle est bienfaisante, surtout en temps sec.

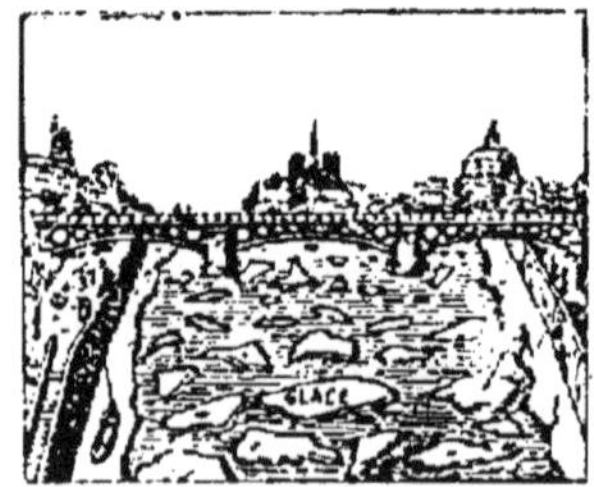



Fig. 32. La glace flotte.

**Glace.** — Nous avons déjà dit que l'eau a la propriété de devenir solide quand il fait froid : elle se transforme en *glace.*

En hiver vous avez vu les rivières se recouvrir de glace ou des glaçons flotter sur l'eau (*fig.* 32). La glace est donc plus légère que l'eau. En se solidifiant, l'eau augmente de volume : une carafe, une cruche remplies

Fig. 33. La glace brise
la carafe.

d'eau et abandonnées à la gelée seraient brisées par la glace (*fig. 33*).

Par les froids de l'hiver, l'eau qui imprègne la terre se prend en glaçons et la terre durcit. Les gelées modérées détruisent quelques insectes et sont plutôt utiles; il en est tout autrement des fortes gelées qui gèlent les plantes et endommagent les récoltes.

**Neige.** — Lorsque l'atmosphère se refroidit au point de geler les fines gouttelettes d'eau de pluie des nuages, ces gouttelettes congelées tombent en blancs flocons : il nei... (*fig. 34*).

La neige sert de manteau à la terre et aux plantes : elle empêche la chaleur de la terre de se perdre et préserve les plantes des fortes gelées.

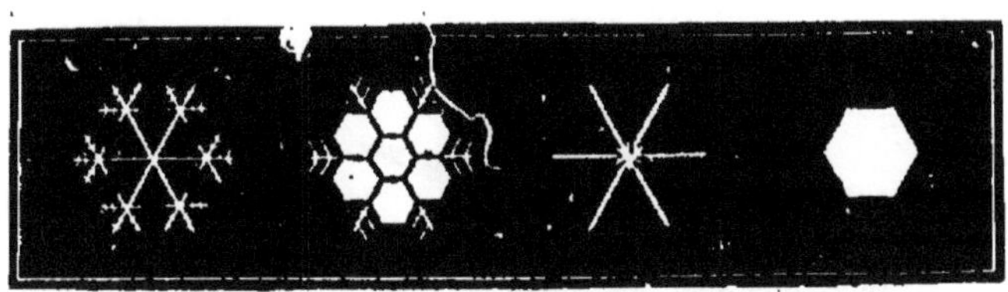

Fig. 34. Diverses formes de la neige.

## *Résumé.*

| | |
|---|---|
| 1. L'eau est-elle toujours liquide ? | L'eau passe facilement par les trois états : solide, liquide et gazeux. |
| 2. Comment se forment les nuages ? | Sous l'action de la chaleur, l'eau se change en gaz ou vapeurs. Ces vapeurs s'élèvent dans l'atmosphère et forment des *nuages* ou des *brouillards*. Les brouillards sont très près du sol. Les nuages sont parfois à de grandes hauteurs. |
| 3. Et la pluie ? | Lorsque les nuages se refroidissent, la vapeur d'eau reprend l'état liquide; il se forme des gouttelettes d'eau : la *pluie* tombe. |
| 4. Et la neige ? | Si ce refroidissement est très fort, les gouttelettes de pluie des nuages sont gelées et tombent sous forme de *neige*. |
| 5. La neige est-elle utile ? | La neige protège les plantes contre les grandes gelées. |
| 6. Qu'est-ce que la glace ? | La *glace* est l'eau passée à l'*état solide* sous l'action du froid. |

**DEVOIRS.** — I. *Expliquez comment se forment les nuages, les brouillards, la glace et la neige.*

II. *Exposez brièvement les avantages et les inconvénients, pour l'agriculture, de l'eau sous ses différents états.*

## 8ᵉ LEÇON

### *Emplois de l'eau.*

**Usages de l'eau.** — L'eau entre dans la composition des organes des animaux et des végétaux. Elle est indispensable à la vie des êtres.

Son rôle dans la nature est si important et si bienfaisant, que nos ancêtres honoraient les sources et les rivières.

L'eau sert de boisson à l'homme et aux animaux. Elle est absorbée par les plantes, dont elle constitue la sève.

Elle sert à la préparation et à la cuisson des aliments. On l'emploie pour nettoyer notre linge et débarrasser notre corps des impuretés qui le salissent. Enfin on s'en sert comme force motrice, soit en utilisant les chutes d'eau ou les cours d'eau pour faire tour-

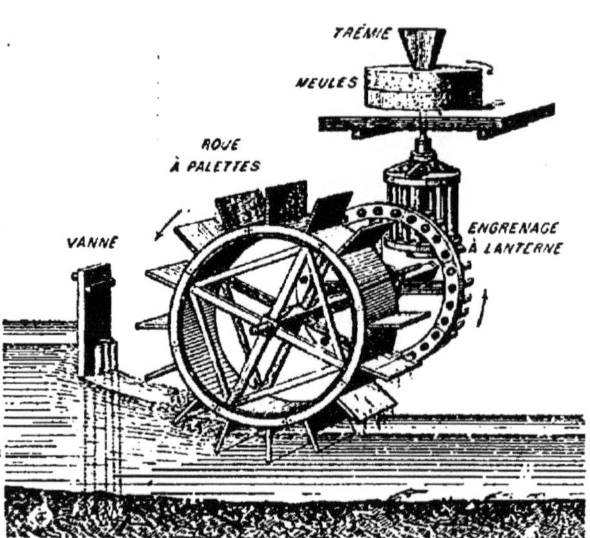


Fig. 35. L'eau fait tourner la roue des moulins.

ner des *roues* (*fig.* 35), des *turbines*, soit en la transformant en vapeur qui met en mouvement des machines parfois très puissantes, telles que les *locomotives* (*fig.* 36).

**Boisson.** — L'eau est une excellente boisson, saine, rafraîchissante et bienfaisante; mais à une condition, c'est qu'on ne boive que de l'*eau potable*, c'est-à-dire ne contenant aucun principe nuisible à la santé. L'eau potable est limpide, aérée, fraîche, de sa-

2.

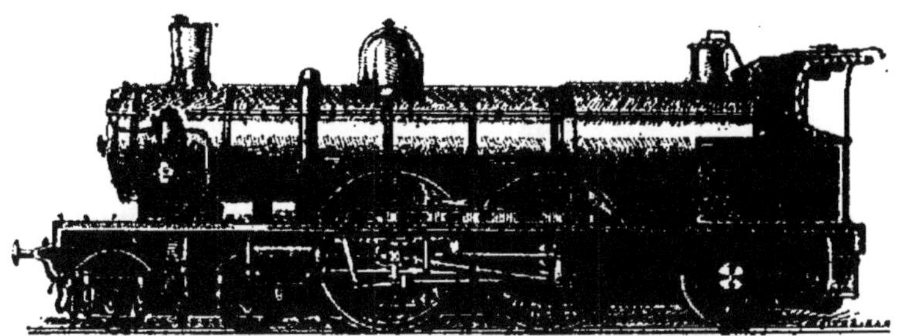

Fig. 36. Locomotive.

veur agréable, mais sans odeur. Elle dissout le savon sans former de grumeaux et cuit bien les légumes.

Les eaux dans lesquelles on lave le linge, les eaux des puits qui reçoivent les infiltrations des égouts ou des cabinets d'aisances, les eaux qui ruissellent dans les cours, dans les caniveaux ou les fossés des routes sont très dangereuses. Évitez soigneusement d'en boire ; le plus souvent elles contiennent des *microbes*, des germes de terribles maladies ; ce sont des eaux souillées qui propagent la fièvre typhoïde, la dysenterie, etc.

Et ce n'est pas seulement l'eau de boisson proprement dite qu'il faut surveiller ; celle que l'on mélange parfois au lait, que l'on emploie pour faire le cidre, pour laver la salade, les radis, peuvent apporter avec elles des microbes mortels. Que de maladies pourraient être évitées, que de douleurs pourraient être épargnées si l'on portait son attention de ce côté !

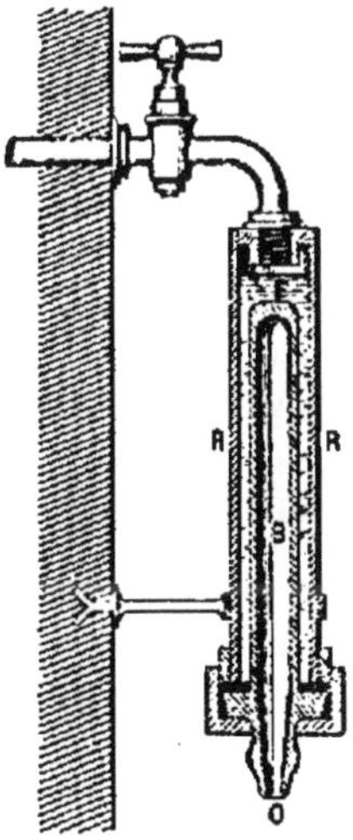

**Filtres.** — Lorsqu'on n'est pas absolument certain de la potabilité de l'eau, il faut la filtrer dans un bon *filtre* (*fig.* 37), que l'on a soin de nettoyer souvent.

Le plus sûr moyen de purifier l'eau est de la faire bouillir au moins dix minutes. De la sorte, on détruit les microbes qu'elle contient.

Fig. 37. Filtre Chamberland.

L'eau arrive en E avec une certaine pression dans le récipient R, elle filtre à travers la bougie de porcelaine B et s'écoule en O.

**Abreuvement des animaux.** — Il est dangereux d'abreuver les animaux dans des mares contenant des eaux corrompues, char-

Fig. 38. Abreuvoir pour les animaux.

gées de purin, ou dans des ruisseaux charriant des eaux souillées.

Les vaches qui boivent des eaux croupies fournissent un beurre de mauvais goût.

Certaines maladies, telles que le typhus et la diarrhée, sont occasionnées par des eaux de mauvaise qualité.

Tenons les mares propres, en les curant de temps en temps. Évitons avec soin qu'elles ne reçoivent les égouts des fumiers.

Donnons à nos animaux de l'eau propre et limpide : ils s'en trouveront bien (*fig.* 38).

### Résumé.

| | |
|---|---|
| 1. Parlez des usages de l'eau. | L'eau entre dans la composition des organes des animaux et des végétaux. Elle sert de boisson à l'homme et aux animaux. |
| 2. Quelle eau doit-on boire ? | On ne doit boire que de l'eau *potable*, limpide, sans odeur et exempte de matières organiques et de germes ou microbes. |
| 3. Et si l'eau n'est pas pure ? | Si l'on craint qu'une eau de boisson ne soit pas pure, il faut la filtrer ou mieux la faire bouillir. |
| 4. Quelle eau faut-il donner aux animaux ? | Les animaux doivent être abreuvés avec des eaux propres ne contenant ni purin ni germes nuisibles. |

DEVOIRS. — I. *Quels sont les services que rend l'eau au point de vue domestique ?*

II. *Dites quelles sont les qualités d'une eau potable. Dangers des eaux contaminées. Moyens de les purifier.*

## —————— 9ᵉ LEÇON ——————

## Irrigation. — Drainage.

**Utilité de l'eau pour les plantes.** — L'eau, avons-nous dit, est indispensable aux êtres vivants, aux animaux comme aux végétaux.

Elle entre, pour une très grande part, dans la composition des organes des plantes. L'herbe des prairies contient environ 80 pour 100 d'eau.

Les plantes puisent l'eau dans le sol au moyen de poils absorbants situés à l'extrémité des petites racines. L'eau absorbée par les plantes apporte en même temps les principes minéraux qu'elle a dissous dans le sol, et forme avec ces principes la *sève* ou liquide nourricier des plantes.

Fig. 39. Arrosoir.

Sur les sols trop secs, en temps chaud, les plantes se nourrissent mal, souffrent et dépérissent.

On y remédie, quand cela est possible, par des arrosages ou par des irrigations.

**Arrosages.** — Les *arrosages* sont pratiqués dans les jardins ou sur les pelouses d'agrément. Pour distribuer l'eau, on se sert de l'arrosoir (*fig.* 39) ou de la lance d'arrosage.

**Irrigation.** — L'*irrigation* consiste à répandre sur le sol, à l'aide de petites rigoles, les eaux recueillies dans des réservoirs ou provenant des ruisseaux ou des rivières (*fig.* 40).

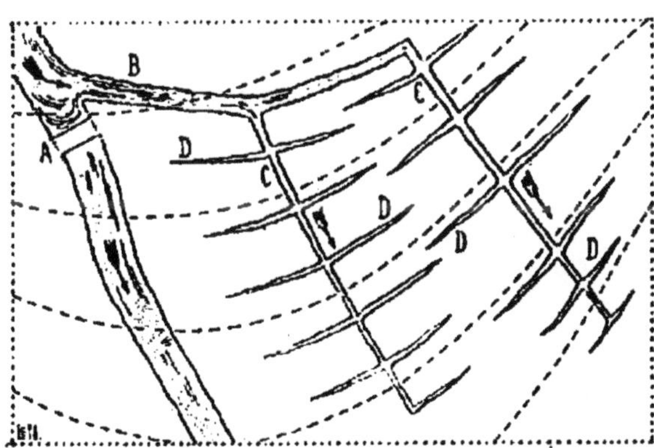


Fig. 40. Barrage et dérivation d'une rivière ; irrigation.
A. Barrage ; B. Canal de dérivation ; C. Rigole de distribution ; D. Rigole déversante.

Les irrigations sont surtout usitées sur les prairies naturelles.

Les arrosages ou irrigations doivent être copieux ; on les fait le matin ou le soir. Les arrosages superficiels ou faits en plein midi, ou encore ceux faits avec des eaux trop froides, sont nuisibles.

**Drainage.** — Si l'on cultivait des plantes dans des pots non percés, l'eau ne circulerait pas à travers la terre contenue dans ces pots; elle y serait bientôt en excès; l'air ne s'y renouvelle-

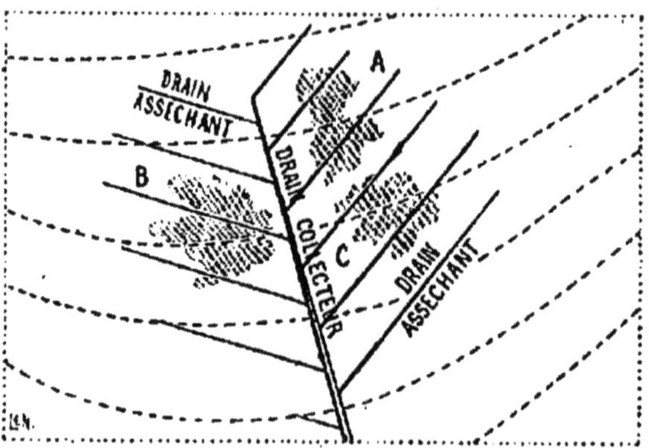


Fig. 41. Drainage partiel. — A, B, C. Suintements.

rait pas, les racines des plantes pourriraient, et les plantes elles-mêmes ne tarderaient pas à périr.

L'excès d'eau dans le sol est donc nuisible aux plantes.

Voyez ce qui se passe dans les terres trop humides : les semences y germent mal et les récoltes y sont médiocres.

Et dans les prairies trop mouillées, dans les marais? Là il n'y a que des mauvaises plantes, des mousses, des carex, des joncs...

On est donc amené à débarrasser le sol des eaux encombrantes, et pour cela on fait des *drainages* (*fig.* 41).

Fig. 42. Regard. — A. Drain collecteur.

Les regards permettent de surveiller le fonctionnement des drains.

On ouvre de petites tranchées appelées *drains* (*fig.* 42) au fond desquelles on place soit des tuyaux (*fig.* 43), soit des pierres qui facilitent l'écoulement de l'eau.

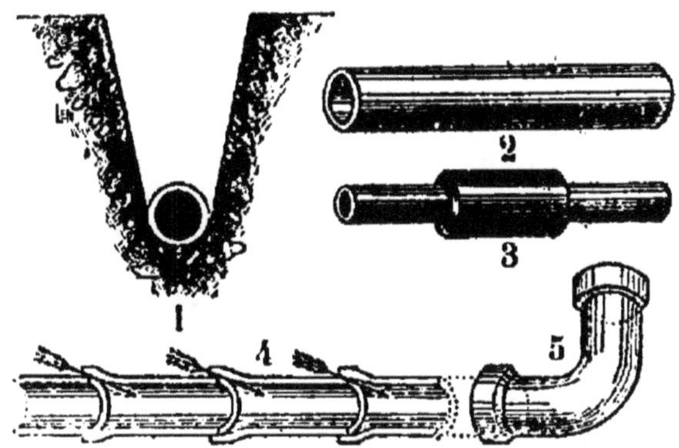

Fig. 43. Tuyaux et tranchée de drainage.

1. Tranchée ouverte; 2. Tuyau; 3. Manchon pour la réunion de deux tuyaux; 4. Tuyaux à emboîtement; 5. Coude.

## Résumé.

| | |
|---|---|
| 1. Quel est le rôle de l'eau en agriculture? | L'eau entre dans la composition des végétaux; elle dissout dans le sol les principes minéraux destinés à alimenter la plante; elle est absorbée par les racines de la plante et passe dans la tige et les feuilles : c'est la *sève*. |
| 2. Que fait-on quand le sol est trop sec? | Lorsque le sol est trop sec, la plante se nourrit mal : on y remédie en faisant des arrosages ou des irrigations. |
| 3. Comment fait-on les arrosages. | Les arrosages doivent être abondants et faits de préférence le matin ou le soir. |
| 4. Parlez des inconvénients de l'eau en excès et des moyens d'y remédier. | Lorsqu'un sol contient trop d'eau, les bonnes plantes cèdent la place aux mauvaises. Pour assainir un sol trop humide, on le draine en creusant des tranchées ou *drains* par lesquels l'eau s'écoule. |

DEVOIRS. — I. *Montrez les avantages et les inconvénients de l'eau au point de vue agricole.*

II. *Quel est le but des irrigations et du drainage? Comment les effectue-t-on?*

# 10ᵉ LEÇON

## *Le Charbon.*

**Le charbon de bois.** — Je mets dans le fourneau ce morceau de bois : il brûle. Si je l'abandonnais, il ne tarderait pas à disparaître en ne laissant qu'un peu de cendres. Le voici, sous forme de braise. Je le retire et je l'éteins ; j'obtiens une matière que vous connaissez : c'est du *charbon.*

Le charbon de bois est donc le produit de la combustion incomplète du bois.

Pour obtenir le charbon de bois, on plante verticalement trois ou quatre piquets formant cheminée, et l'on dresse autour de ces piquets des bûches sur plusieurs étages, en ayant soin de

Fig. 44. Meule pour la fabrication du charbon de bois.

ménager, à la base, des galeries horizontales ou évents, destinés à donner passage à l'air. On couvre la meule d'une forte couche de terre et l'on met le feu (*fig. 44*). La combustion se fait lentement et gagne peu à peu toutes les bûches. Lorsqu'on la juge suffisante, on ferme les évents, et le feu s'éteint doucement.

Le charbon de bois sert aux usages domestiques. Dans l'industrie, on emploie la *houille*, appelée communément *charbon de terre.*

**La houille ou charbon de terre.** — En réalité, la houille n'est qu'un charbon de bois provenant de la décomposition lente, à l'abri de l'air,

Fig. 45. Morceau de charbon avec empreinte de végétaux primitifs.

de nombreux végétaux qui se sont accumulés et enfouis dans la terre par suite des soulèvements et des bouleversements du sol (*fig. 45*).

Les gisements de houille se présentent par couches ordinairement superposées, atteignant jusqu'à 20 mètres d'épaisseur, et situées parfois à des centaines de mètres de profondeur.

Pour extraire la houille, on creuse un puits vertical, au fond duquel on perce des galeries horizontales, dirigées sur les couches de la houille. L'ensemble des galeries constitue une *mine*.

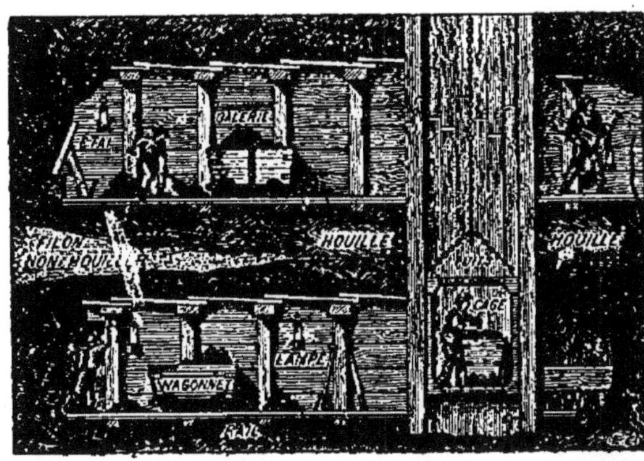


Fig. 46. Extraction de la houille.

La houille, détachée à coups de pics, est amenée par des wagonnets jusqu'au puits où la benne (monte-charge) la monte à la surface du sol (*fig.* 46).

**Noir de fumée et mine de plomb.** — Je place cette assiette blanche dans la flamme de cette bougie; la voilà qui noircit : elle s'est recouverte de noir de fumée.

Le *noir de fumée* est du charbon en poudre très fine provenant de la bougie incomplètement brûlée, et entraîné par la flamme.

Cette matière noire, qui est au centre de ce crayon, est aussi du charbon.

La *mine de plomb*, dont se sert votre mère pour nettoyer son fourneau, est encore du charbon.

Le charbon est connu aussi sous le nom de *carbone*. Il joue un grand rôle dans la nature; tous les êtres du règne végétal et du règne animal contiennent du carbone.

## *Résumé.*

| | |
|---|---|
| 1. Qu'est-ce que le charbon ? | Le charbon ou carbone est un corps qui provient de la décomposition des matières organiques. |
| 2. D'où vient le charbon de bois? | Le charbon de bois est le produit de la combustion lente du bois. |
| 3. D'où vient la houille ? | La houille, ou charbon de terre, provient de la décomposition lente, à l'abri de l'air, des végétaux qui couvraient la surface de la terre. |

| | |
|---|---|
| 4. Comment la retire-t-on de la terre ? | On l'extrait en creusant des puits profonds correspondant à des galeries souterraines appelées mines, dans lesquelles on détache la houille à coups de pics. |
| 5. Connaissez-vous d'autres charbons ? | Le noir de fumée, poudre de charbon très fine, et la mine de plomb sont aussi du charbon. |

DEVOIRS. — I. *Quelles sont les différentes sortes de charbon que vous connaissez ? Où les rencontre-t-on ? Parlez de leurs usages.*

II. *Dites ce que vous savez de la houille, de son extraction, des services qu'elle rend.*

## 11ᵉ LEÇON

## *Le Gaz carbonique. — L'Oxyde de carbone.*

**Acide carbonique.** — Lorsque le charbon brûle, il disparaît peu à peu, en laissant de la cendre ; mais, en même temps, il produit avec l'oxygène de l'air un gaz invisible appelé *gaz carbonique* ou *acide carbonique* (*fig.* 47).

Le gaz carbonique se produit encore dans les combustions lentes, dans la respiration des animaux et des plantes. Il se

Fig. 47. Brasero.
En brûlant, le charbon de bois produit du gaz carbonique.

dégage aussi des cuves où le vin, le cidre, la bière fermentent.

Le gaz carbonique est plus lourd que l'air ; il n'a pas d'odeur, et ne peut entretenir la combustion (*fig.* 48), ni la respiration : une bougie plongée dans une cuve au-dessus d'un liquide en fermentation s'éteint. Si nous placions un oiseau dans un bocal plein d'acide carbonique, il ne tarderait pas à être asphyxié ; il mourrait faute d'oxygène (*fig.* 49).

Nous avons vu que l'air est composé d'oxygène, d'azote et d'une petite pro-

Fig. 48. L'acide carbonique éteint une allumette enflammée.

portion d'acide carbonique. Et vous savez maintenant que la combustion des matières charbonneuses, la fermentation, la respiration produisent du gaz acide carbonique. Vous pourriez croire que cet acide carbonique va s'accumuler dans l'atmosphère, et qu'il arrivera un moment où la proportion de ce gaz sera telle que l'air ne sera plus respirable; ce serait l'asphyxie de tous les animaux et la disparition du règne animal !

Rassurez-vous : le règne végétal est là pour conjurer ce péril. A l'inverse des animaux, les plantes s'accommodent fort bien du gaz carbonique, qu'elles absorbent et dont elles se nourrissent pendant le jour. Les plantes purifient donc l'air : grâce à elles, la proportion de l'acide carbonique dans l'air non confiné reste à peu près constante.

Fig. 49. Un oiseau enfermé dans un bocal plein d'acide carbonique ne tarde pas à mourir.

**Oxyde de carbone.** — Pendant la combustion du charbon, il ne se produit pas seulement du gaz carbonique, il se dégage aussi de l'*oxyde de carbone*.

L'oxyde de carbone est un gaz extrêmement dangereux : c'est un poison violent. Un centième de ce gaz dans l'air suffit pour tuer un oiseau, et trois centièmes pour empoisonner un homme.

Ce gaz se produit surtout lorsque l'accès de l'air sur le charbon allumé est insuffisant. Les réchauds, les poêles mobiles à combustion lente (*fig.* 50) en produisent beaucoup, et sont dangereux si l'on n'a pas la précaution d'aérer les appartements.

Fig. 50. Poêle à combustion lente.

### Résumé.

| | |
|---|---|
| 1. Que nomme-t-on gaz carbonique ? | On nomme gaz carbonique un gaz formé de carbone et d'oxygène. |
| 2. Comment se produit ce gaz ? | Le gaz carbonique est produit par la combustion du charbon, par la respiration des animaux et par les fermentations du raisin, du cidre, de la bière, etc. |
| 3. Parlez de ses propriétés. | Ce gaz est plus lourd que l'air; il n'a pas d'odeur et n'entretient ni la combustion ni la respiration. |

| | |
|---|---|
| 4. Quel autre gaz dégage le charbon ? | C'est un poison : il rendrait l'air irrespirable, mais les végétaux l'absorbent et purifient l'air.<br><br>Il se produit encore un autre gaz, dans les combustions lentes : c'est l'oxyde de carbone. |
| 5. L'oxyde de carbone est-il dangereux ? | L'oxyde de carbone est un poison extrêmement violent. C'est pourquoi il faut avoir soin de bien aérer les appartements où se trouvent des réchauds ou des poêles à combustion lente. |

DEVOIRS. — I. *Pourquoi l'air d'une salle close, remplie de monde, devient-il rapidement impropre à la respiration? Comment y remédier?*

II. *Expliquez comment l'air vicié par la respiration des animaux ou par les combustions diverses se purifie et redevient propre à la respiration.*

---

## 12ᵉ LEÇON

## *La Chaleur.*

**La chaleur.** — Prenez dans la main droite cet encrier en verre, et dans la main gauche ce porte-monnaie en cuir. Celui-ci vous paraît chaud, tandis que l'encrier vous semble froid.

Les corps qui nous entourent ne sont pas également chauds : les uns ont plus de chaleur, nous disons qu'ils sont chauds ; les autres en ont moins, nous disons qu'ils sont froids.

La chaleur joue un rôle considérable : elle est indispensable à la vie des plantes et des animaux.

Pendant la froide saison d'hiver, la végétation est arrêtée ; la nature semble dormir. Au printemps, sous l'influence de la chaleur, tout se réveille ; les bourgeons éclosent, les fleurs reparaissent, les arbres se chargent de feuilles, les oiseaux font leurs nids : c'est le réveil, c'est la vie !

Le soleil est la source de chaleur qui réchauffe la terre et entretient la vie à sa surface.

Pour nous chauffer, pour cuire nos aliments, nous faisons du *feu*; nous brûlons du bois ou du charbon. La combustion dégage de la chaleur.

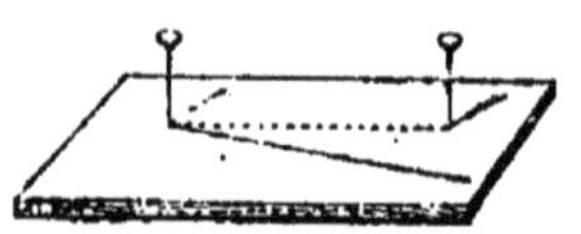
Fig. 51. Dilatation d'une aiguille.

**Dilatation des corps.** — Examinons les effets de la chaleur sur certains corps : voici une aiguille à tricoter (*fig.* 51) ; elle tient juste entre les deux clous que j'ai plantés sur cette planche.

Je chauffe cette aiguille, puis, avec les pincettes, je la rapporte entre les deux clous : elle n'y peut plus rentrer. Sous l'influence de la chaleur, elle s'est allongée, elle *s'est dilatée.*

J'ai complètement rempli d'eau un flacon fermé par un bouchon traversé par un tube. L'eau arrive à la base du tube. Je plonge ce flacon dans de l'eau très chaude. L'eau du flacon s'échauffe, se dilate. Et la preuve, c'est que vous voyez le niveau de l'eau s'élever dans le tube (*fig.* 52).

J'approche du feu cette vessie à demi gonflée : la voici qui grossit; elle gonfle à vue d'œil. Pourquoi? Parce que l'air qu'elle contient se dilate sous l'influence de la chaleur.

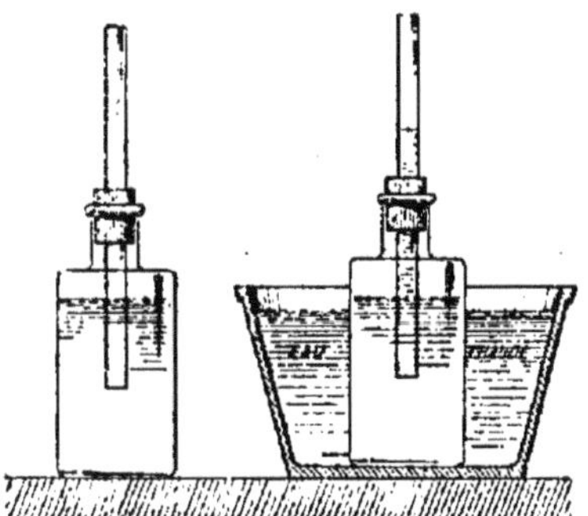

Fig. 52. Dilatation de l'eau par la chaleur.

Ainsi quand on chauffe un corps solide, liquide ou gazeux, il se dilate, il occupe une place plus grande qu'auparavant (*fig.* 53).

Fig. 53. Comment on cercle une roue.

(On chauffe le cercle : il s'agrandit et la roue peut y entrer facilement. Cela fait, on projette de l'eau sur le cercle : il se refroidit, se rétrécit et serre fortement la roue.)

Fig. 54.
Thermomètre.

**Le thermomètre.** — Pour mesurer la température d'un corps ou, si vous préférez, pour se rendre exactement compte si un corps est plus ou moins chaud, on se sert d'un *thermomètre* (*fig.* 54).

En voici un : examinez-le.

Ce thermomètre consiste en un petit tube de verre fermé aux deux bouts et contenant à sa partie inférieure, un peu élargie, un liquide appelé *mercure.*

Ce tube est fixé devant une planchette portant des divisions égales appelées *degrés* et numérotées de o à 100.

Le o correspond à la température de la glace fondante, et le degré 100 à la température de la vapeur d'eau bouillante (*fig.* 55 et 56).

Quand la température s'élève, le mercure se dilate et monte

dans le tube. Quand elle s'abaisse, il descend ; la division de la colonne en face de laquelle s'arrête le mercure indique le degré de la température au moment de l'observation.

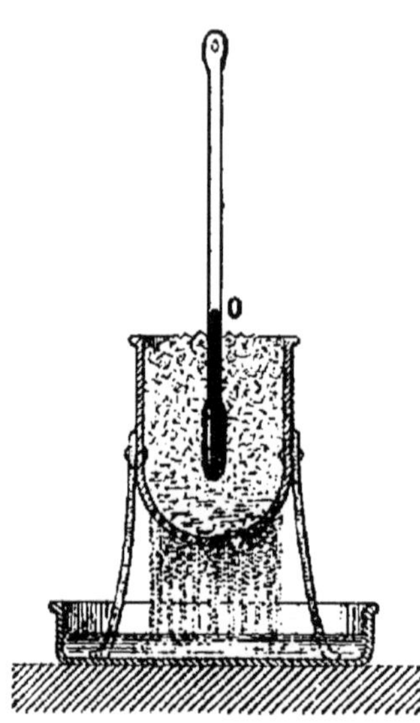


Fig. 55. *Point 0.* — Dans la glace fondante, le mercure arrive à un niveau fixe qu'on appelle 0 degré.

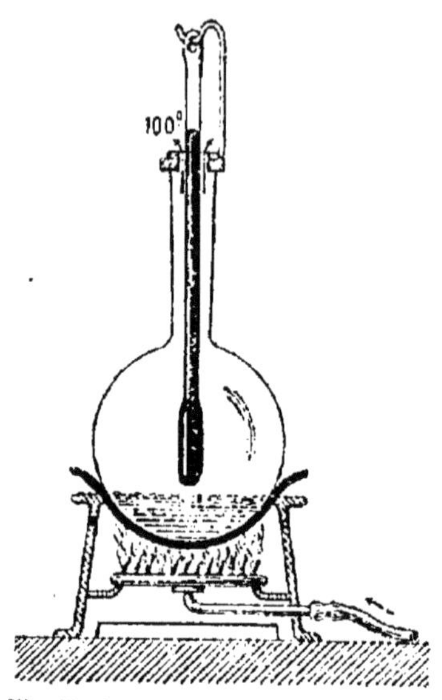


Fig. 56. *Point 100.* — On plonge le thermomètre dans la vapeur d'eau bouillante. Le point d'affleurement s'appelle 100 degrés.

Ainsi le *thermomètre à mercure* que nous avons dans la classe marque ... degrés.

Il existe aussi des *thermomètres à alcool*, dont le réservoir contient non du mercure, mais de l'alcool.

## Résumé.

| | |
|---|---|
| 1. La chaleur est-elle nécessaire ? | La chaleur est nécessaire à tous les animaux et végétaux ; sans elle, la vie ne serait pas possible. Le soleil est la source de la chaleur. |
| 2. Qu'employons-nous pour nous chauffer ? | Pour nous chauffer et pour cuire nos aliments, nous brûlons du bois et du charbon. |
| 3. Connaissez-vous une propriété de la chaleur ? | La chaleur dilate les corps, en augmente la longueur et le volume. |
| 4. Comment mesure-t-on la chaleur d'un corps ? | On mesure la chaleur d'un corps à l'aide d'un thermomètre. |

**DEVOIRS.** — I. *Montrez par divers exemples, autres que ceux indiqués dans cette leçon, que la chaleur dilate les corps.*

II. *Peut-on mesurer la chaleur? Comment? Vous avez vu un thermomètre; décrivez-le.*

## — 13ᵉ LEÇON —

## *Applications de la chaleur.*

**Conductibilité de la chaleur.** — Voici une aiguille à tricoter et une tige de bois de même longueur. Mettez l'extrémité de chacune dans la flamme de cette bougie : la tige de bois s'enflamme et vous ne sentez pas de chaleur aux doigts qui la tiennent, tandis que l'aiguille de fer commence à vous paraître très chaude. Voici pourquoi : le fer et d'autres corps, tels que l'étain, les métaux en général, conduisent bien la chaleur; on dit que ce sont des corps *bons conducteurs de la chaleur.* Par contre, le bois, les pierres, le charbon, les tissus de laine et de coton sont des corps *mauvais conducteurs.* Comprenez-vous maintenant pourquoi l'anse de la bouilloire est revêtue de bois?

Fig. 57. Combustibles et appareils de chauffage.

**Vêtements.** — Nos vêtements sont mauvais conducteurs de la chaleur : ils nous permettent de conserver la chaleur de notre corps en l'empêchant de passer dans l'atmosphère. En été, ils nous garantissent contre la chaleur excessive du soleil en l'empêchant d'arriver jusqu'à notre corps. Nous nous vêtons par nécessité et non par coquetterie : nos vêtements doivent avant tout être commodes, solides et propres. Évitez de salir et de déchirer les vôtres.

**Chauffage.** — Pendant l'hiver, il est nécessaire de chauffer les appartements : on se sert, pour cela, de cheminées, de poêles, de calorifères, etc. (*fig. 57*).

La *cheminée* comprend un foyer où l'on brûle le combustible, et une ouverture par où s'échappe la fumée (*fig. 58*). C'est un moyen de chauffage très agréable et très salubre; mais il est coûteux, car une grande partie de la chaleur s'échappe avec la fumée.

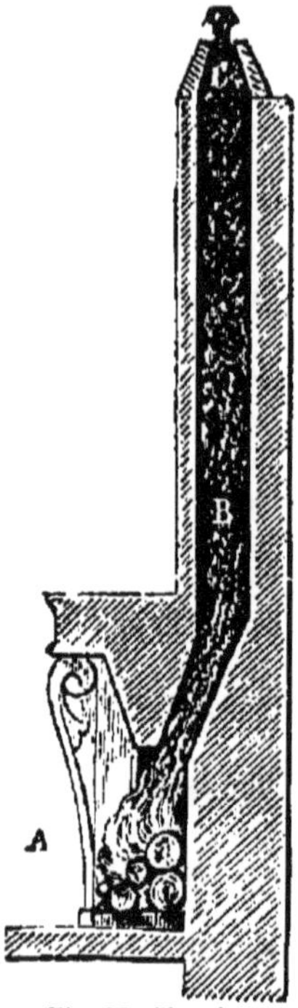

Les *poêles* perdent moins de chaleur; ils sont plus économiques, mais le tirage est insuffisant pour entraîner l'acide carbonique et même l'oxyde de carbone produits. Ces gaz restent en partie dans les appartements et les rendent malsains.

Il est indispensable d'aérer fréquemment les pièces chauffées avec des poêles, surtout lorsque ces poêles sont *à combustion lente.*

Pour le chauffage des grandes maisons, des châteaux, on emploie des *calorifères.* Le calorifère *à air chaud* (*fig. 59*) consiste en un foyer qui chauffe de l'air distribué, par un système de tuyaux, dans les différentes pièces à chauffer. Il existe aussi des calorifères *à vapeur* et des calorifères *à eau chaude.*

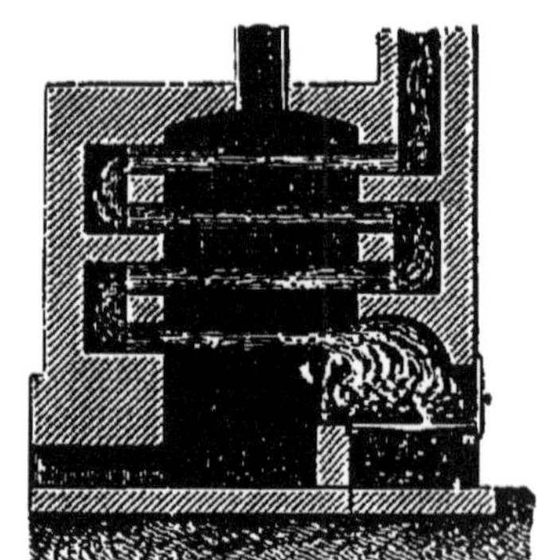

Fig. 59. Calorifère à air chaud.

Fig. 58. Cheminée.

**Couches et cloches.** — Lorsque la température descend au-dessous de 5°, la végétation reste stationnaire. Pour l'activer dans certains cas, les jardiniers recourent à des *serres*, à des *couches* ou à des *cloches.*

Les serres où l'on élève les plantes frileuses sont chauffées en hiver.

Une *couche* est formée d'un lit de fumier sortant de l'écurie, recouvert de 15 à 18 centimètres de terreau. Ordinairement les couches sont pourvues d'un coffre portant un châssis vitré (*fig. 60*). En se décomposant, le fumier dégage de la chaleur qui *force* la végétation.

Les *cloches* retiennent la chaleur du sol, abritent et réchauffent les plantes, dont elles activent la végétation.

Fig. 60. Couches et châssis.

## *Résumé.*

**1. Qu'appelle-t-on corps bons conducteurs ?**

On appelle corps bons conducteurs ceux qui se laissent facilement traverser par la chaleur : le fer, l'étain, le cuivre.

**2. Et corps mauvais conducteurs ?**

Les corps mauvais conducteurs sont ceux qui ne conduisent pas bien la chaleur : le bois, les pierres, les vêtements blancs.

**3. Pourquoi nous vêtons-nous ?**

Nous nous vêtons pour garder la chaleur de notre corps en hiver, ou empêcher en été celle du soleil de nous incommoder.

**4. Citez des appareils de chauffage ?**

L'hiver, nous sommes obligés de chauffer nos appartements ; nous employons pour cela des cheminées, des poêles, des calorifères.

**5. Comment chauffe-t-on les plantes ?**

Les jardiniers chauffent aussi leurs plantes, soit pour les préserver du froid, soit pour activer la végétation ; ils le font à l'aide de serres, de couches, de cloches.

DEVOIRS. — I. *Montrez, par des exemples, que la chaleur ne se propage pas également vite dans tous les corps. Est-il absolument indispensable de se vêtir ? Pourquoi ? Et comment ?*

II. *Quels sont les moyens de chauffage que vous préférez ? Pourquoi ? Comment peut-on chauffer les plantes ?*

## 14ᵉ LEÇON

## La Lumière.

**La lumière et la chaleur.** — La lumière nous permet de voir les objets. Le jour elle nous est donnée par le soleil, et la nuit par le feu ou une flamme brillante.

La chaleur accompagne toujours la lumière. Je bats un briquet : des étincelles jaillissent et la mèche prend feu : tout jet de lumière, tout rayon porte avec lui de la chaleur.

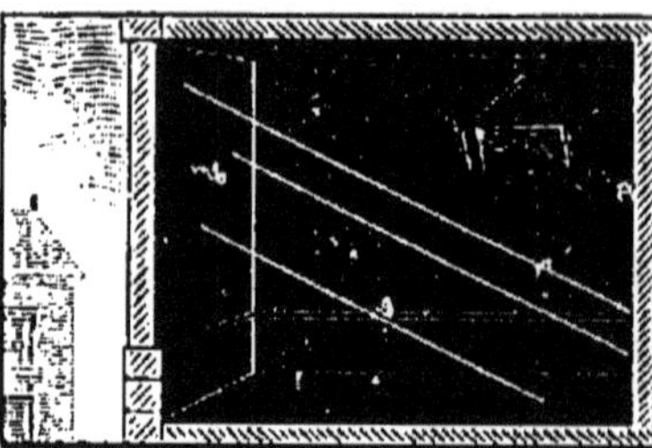
Fig. 61. La lumière va en ligne droite.

**La lumière va en ligne droite.** — Recommençons une petite expérience que vous connaissez : fermons les volets de la classe et remarquez ces lignes droites, lumineuses, qui partent des trous des volets : ce sont les rayons du soleil (*fig.* 61). Placez-y la main, vous éprouvez une sensation de chaleur.

Ainsi la chaleur et la lumière marchent en ligne droite. La lumière parcourt 300 000 kilomètres à la seconde. Lorsqu'elle est arrêtée par un corps opaque, elle produit de l'*ombre*.

Fig. 62. Lampe à huile.

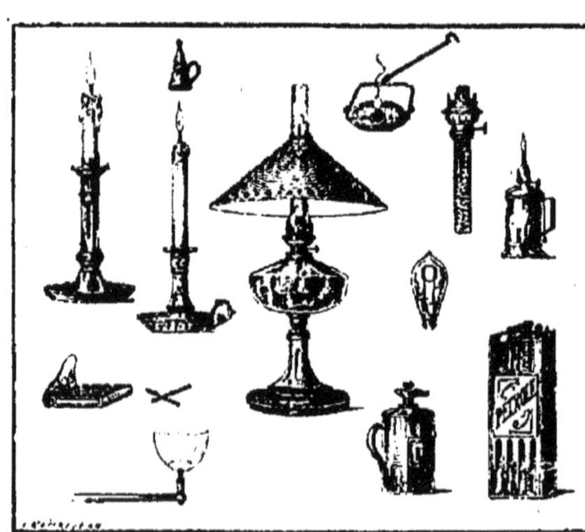
Fig. 63. L'éclairage.

3.

**Applications. Éclairage.** — La *lumière* est pour l'homme un agent des plus précieux. Dès les temps les plus reculés, il éprouva le besoin de dissiper les ténèbres de la nuit, de s'éclairer autrement que par le feu allumé dans l'âtre.

Tout d'abord on a employé des *torches* de résine, puis sont venues des lampes à huile plus ou moins grossières (*fig.* 62) et des chandelles de suif (*fig.* 63).

De nos jours, l'éclairage est arrivé à un très haut degré de perfectionnement : les *lampes à pétrole* (*fig.* 64) ou à *essence de pétrole*, avec leur flamme blanche et sans fumée, à un prix qui leur permet de s'introduire dans les plus modestes demeures, sont un grand progrès sur les chandelles de résine ou de suif, qui donnaient plus de fumée que de lumière.

Le pétrole et surtout l'*essence* sont très inflammables; on ne doit les manier qu'avec précaution et loin du feu.

Les bougies *stéariques*, sans odeur ni fumée, donnent une belle lumière.

Les *lampes à alcool* sont aussi éclatantes que les lampes à pétrole et ne répandent aucune mauvaise odeur.

Fig. 64. Lampe à huile de pétrole.

**Le gaz. L'électricité.** — Dans les villes on emploie le *gaz d'éclairage*, que l'on obtient en chauffant fortement la houille en vases clos. Sous l'influence d'une haute température, la houille laisse dégager du gaz, que l'on emmagasine dans des *gazomètres*, et il reste du *coke*.

Des gazomètres partent des conduits qui distribuent le gaz dans les rues et les appartements, où on le brûle à l'aide de becs de diverses formes. Les becs munis d'un manchon métallique Auer donnent une flamme plus éclatante (*fig.* 65 et 66).

Depuis quelques années, on emploie un autre gaz,

Fig. 65. Gaz de la houille: flamme papillon.

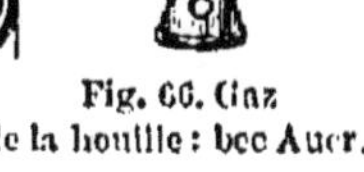

Fig. 66. Gaz de la houille : bec Auer.

l'*acétylène*, qui se dégage dès qu'on plonge dans l'eau du *carbure de chaux.*

Enfin l'*éclairage électrique*, réservé jusqu'ici aux grandes villes, commence à être utilisé dans les bourgs, dans les usines, même dans les fermes importantes.

Si nos ancêtres pouvaient revivre, ils seraient émerveillés, ils seraient éblouis. Ne disons pas de mal de notre temps : c'est l'époque de la lumière et du progrès.

### Résumé.

| | |
|---|---|
| 1. A quoi sert la lumière ? | La lumière nous sert à distinguer les objets, et à nous conduire. |
| 2. D'où vient-elle ? | Nous la recevons du soleil pendant le jour, et de divers moyens d'éclairage pendant la nuit. |
| 3. Quels ont été les pre lers appareils d'éclairage ? | Les premiers appareils d'éclairage ont été les torches de résine, les lampes à huile, les chandelles. |
| 4. Et de nos jours ? | Aujourd'hui nous nous servons de bougies, de lampes à pétrole, à essence, à alcool, de gaz, d'acétylène, d'électricité. |
| 5. Comment obtient-on le gaz d'éclairage ? | Le gaz d'éclairage s'obtient en chauffant fortement de la houille en vase clos. |

DEVOIRS. — I. *Parlez de la lumière du soleil, de la manière dont elle se propage, de son utilité.*

II. *Passez en revue les différents progrès réalisés dans l'éclairage.*

## ———— 15ᵉ LEÇON ————

## Le Soufre.

**Propriétés et usages du soufre.** — Le *soufre* est un corps friable, jaune clair. On le trouve dans le sol, principalement aux environs des volcans.

Les gisements de soufre sont appelés *solfatares.* En Sicile et aux environs de Naples, il y a des solfatares importantes.

Lorsqu'on chauffe le soufre, il devient liquide, il fond.

Vous connaissez tous les allume-feu. On les obtient en prenant des bûchettes dont on plonge l'extrémité dans du soufre fondu. En voici un : je le promène sur la flamme d'une allumette : la partie soufrée s'enflamme et communique le feu à la bûchette. Le soufre, comme vous voyez, s'enflamme facilement.

Cette propriété fait qu'on l'emploie dans la fabrication des allumettes, de la poudre ordinaire et de la poudre de divers feux d'artifices.

Le soufre entre aussi dans la composition des pommades soufrées, employées pour combattre certaines maladies de peau, telles que la gale.

Enfin le soufre en poudre sert à préserver la vigne d'un champignon, l'*oïdium*, qui s'attaque aux feuilles et aux raisins (*fig.* 67).

Fig. 67. L'oïdium, maladie de la vigne, re comlat avec le soufre.

Grappes et feuilles atteintes de l'oïdium. — Soufflet pour le soufrage. — Le soufrage de la vigne.

**Acide sulfureux.** — Prenons un autre allume-feu et enflammons-le. Le soufre brûle et produit de l'*acide sulfureux*, que vous devinez à son odeur désagréable qui fait tousser.

**Applications.** — Sur cette assiette je place de la fleur de soufre que j'enflamme : le gaz sulfureux se dégage; je le recueille dans ce flacon (*fig.* 68).

Puis, dans ce même flacon, je plonge une allumette enflammée, elle s'éteint : nous en concluons que l'acide sulfureux n'entretient pas la combustion. C'est pour cette raison que l'on emploie le soufre pour éteindre les feux de cheminée. On jette le soufre dans le foyer; quand il est enflammé, on ferme la cheminée par en bas; le gaz sulfureux s'engage dans la cheminée et le feu s'éteint.

Dans l'acide sulfureux qui se dégage, plaçons des fleurs colorées et humides : roses, violettes (*fig.* 69). Leur riche coloris dis-

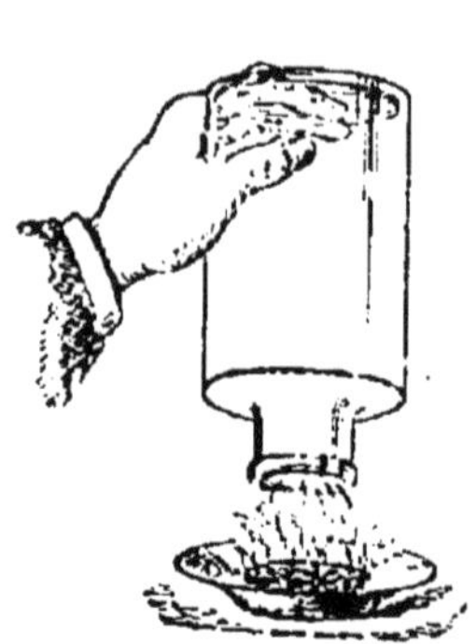

Fig. 68. Comment on obtient
de l'acide sulfureux.

Fig. 69. Décoloration des fleurs
par l'acide sulfureux.

paraît peu à peu; voyez, elles pâlissent, elles sont presque blanches.

L'acide sulfureux décompose certaines couleurs; cette propriété le fait employer dans l'industrie pour blanchir les étoffes de laine, la flanelle, la soie, les éponges, la paille, les chapeaux.

On peut même employer le gaz sulfureux pour enlever du linge les taches de vin, les taches de fruit.

La tache, légèrement mouillée, est exposée sur l'acide sulfureux (*fig.* 70). Puis on lave à grande eau, on lessive, et les taches disparaissent.

Fig 70. Comment on enlève une tache
de vin avec l'acide sulfureux.

**Acide sulfurique.** — Le soufre entre, avec l'oxygène et l'eau, dans la composition de *l'acide sulfurique* ou *vitriol.*

L'acide sulfurique est un liquide incolore, très dangereux, très corrosif, qu'il ne faut manier qu'avec précaution.

## *Résumé.*

| | |
|---|---|
| 1. Qu'est-ce que le soufre? | Le soufre est un corps jaune-clair que l'on trouve dans le sol aux abords des volcans. |

| | |
|---|---|
| 2. A quoi sert-il ? | Le soufre s'enflamme facilement ; on l'emploie pour la fabrication des allumettes, de la poudre et de divers médicaments. |
| 3. Est-il employé en agriculture ? | Les vignerons se servent du soufre pour combattre l'oïdium de la vigne. |
| 4. Que savez-vous de l'acide sulfureux ? | En brûlant, le soufre dégage du gaz sulfureux, qui est employé pour éteindre les feux de cheminée et pour blanchir les étoffes. |
| 5. Et de l'acide sulfurique ? | La combinaison du soufre, de l'oxygène et de l'eau donne l'*acide sulfurique* ou *vitriol*; ce liquide est très corrosif et extrêmement dangereux à manier. |

DEVOIRS. — I. *Dites ce que vous savez du soufre, de ses propriétés, de ses usages et des composés que l'on obtient avec le soufre.*

II. *Décrivez une allumette. De quoi se compose-t-elle ? Pourquoi s'enflamme-t-elle ? Services qu'elle rend. Dangers qu'elle présente.*

## ——— 16ᵉ LEÇON ———

## *La Chaux et le Plâtre.*

### LA CHAUX.

**Fabrication et propriétés.** — Examinez attentivement cette pierre grisâtre. Vous en avez vu de semblables à la carrière que nous avons visitée la semaine dernière : c'est du *calcaire* (*fig. 71*).

Le calcaire sert à faire des murs, à empierrer les chemins ; la pierre blanche à bâtir, la craie, le marbre, sont des calcaires.

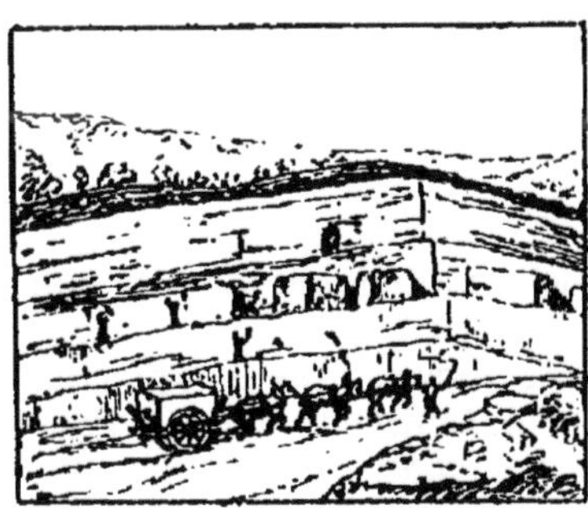

Fig. 71. Carrière (pierre à chaux).

Le calcaire est composé d'acide carbonique et de chaux ; aussi l'appelle-t-on *carbonate de chaux* ou simplement *pierre à chaux*.

Lorsqu'on grille le carbonate de chaux dans des fours spéciaux (*fig. 72 et 73*), le gaz carbonique se dégage et il reste de la chaux.

C'est la *chaux vive*. En voici un échantillon. Je verse lentement de l'eau sur cette chaux vive. La chaux absorbe cette eau, dégage de la chaleur, se gonfle et tombe en poussière : c'est alors de la *chaux éteinte* (*fig. 74*). J'ajoute encore de l'eau, je délaye et j'obtiens une bouillie claire : c'est du *lait de chaux*.

Fig. 72. Four à chaux
(vue extérieure).

Fig. 74. Action de l'eau
sur la chaux vive.

Fig. 73. Four à chaux (vue intérieure).

Le lait de chaux sert à badigeonner les murs, à blanchir et à assainir les étables, les écuries, les appartements.

La chaux est très employée en agriculture (voir *Amendements*).

### PLATRE.

**Fabrication et propriétés.** — Voici maintenant une poudre blanche bien connue : le *plâtre*.

Le plâtre provient également d'une pierre appelée pierre à plâtre ou *gypse*, que l'on rencontre surtout aux environs de Paris.

La pierre à plâtre, comme la pierre à chaux, est grillée dans des fours spéciaux (*fig.* 75), broyée, moulue sous des meules, dans des moulins à plâtre (*fig.* 76). Dans cette assiette, j'ai mis une petite poignée de plâtre cuit, en poudre. J'ajoute peu à peu de l'eau et je remue, je « gâche le plâtre »; j'obtiens une bouillie claire. Mais bientôt le plâtre s'empare de l'eau, l'absorbe et se prend en pâte dure.

**Applications.** — On emploie le plâtre dans les constructions pour relier les briques, pour revêtir les murs intérieurs, pour faire des plafonds, des moulures, des ornements.

On emploie aussi le plâtre en agriculture pour donner de la vigueur aux trèfles.

Fig. 75. Four à plâtre
(vue intérieure).

Fig. 76. Moulins à plâtre
(disposition intérieure).

## Résumé.

**1. Comment obtient-on la chaux?**

La chaux s'obtient en cuisant dans des fours le *calcaire* ou *pierre à chaux.*

**2. Qu'appelle-t-on chaux vive?**

Lorsqu'elle sort du four, la chaux ne contient pas d'eau : c'est de la chaux vive.

**3. Qu'appelle-t-on chaux éteinte?**

Si l'on verse de l'eau sur la chaux vive, on a de la chaux éteinte.

**4. Parlez des usages de la chaux?**

Délayée dans beaucoup d'eau, cette chaux éteinte donne le lait de chaux, dont on badigeonne les murs qu'on veut nettoyer ou assainir.

La chaux vive sert à amender les terres.

**5. Que savez-vous du plâtre?**

Le plâtre provient de la pierre à plâtre, ou gypse, qu'on chauffe dans des fours et qu'on réduit en poudre.

**6. A quoi sert le plâtre?**

Le plâtre, délayé dans l'eau, forme une pâte qui durcit et qu'on emploie pour revêtir les murs, les plafonds.

On sème le plâtre en poudre sur les trèfles.

**DEVOIRS.** — I. *Qu'est-ce que la chaux? Comment la fabrique-t-on? Quelles sont ses propriétés? A quoi sert-elle?*

II. *Même devoir pour le plâtre.*

## —— 17e LEÇON ——

## *Amendements.*

**But des amendements.** — La *chaux* n'agit pas seulement dans le sol comme aliment des plantes : introduite dans les sols argileux, elle les rend plus souples, plus friables, plus faciles à travailler. Dans tous les sols, elle favorise la décomposition du fumier et des débris végétaux.

La chaux améliore, amende le sol : c'est un *amendement.*

Mais la chaux ne remplace pas le fumier.

**Chaulage.** — Les *chaulages* se font vers la fin de l'automne ou au printemps ; on emploie de la chaux vive en pierre.

Fig. 77. Champ chaulé.

Disposée sur le champ en petits tas recouverts de terre (*fig. 77*), la chaux s'empare de l'humidité de la terre, augmente de volume et retombe en poussière.

Alors, par un temps sec et calme, on la répand sur le champ et on la recouvre aussitôt après.

La dose varie de 2000 à 3000 kilog. par hectare, tous les 3 ou 4 ans.

Le chaulage donne d'excellents résultats dans les terres argileuses et dans les sols riches en humus.

La *petite oseille* qui pousse spontanément sur certains sols est un indice que ces sols ont besoin d'être chaulés.

**Composts.** — La chaux est parfois employée sous forme de *composts*, c'est-à-dire en mélange avec des gazons, de la terre, des feuilles, etc., laissés en tas pendant plusieurs mois et brassés une ou deux fois dans l'intervalle.

**Marne.** — La *marne* est un mélange de calcaire, d'argile et parfois de silice. Elle forme en certains points du sol des couches profondes.

La marne riche en calcaire est un amendement pour les terres pauvres en chaux, mais elle est moins active que la chaux et doit être employée à forte dose (20 000 à 60 000 kilog. à l'hectare) (*fig. 78*).

En raison du grand volume de marne à charroyer, les marnages ne sont avantageux que lorsque la marne se trouve à proximité des terres à amender.

**Taugue.** — Un autre amendement, très usité sur les côtes de la Manche, est la *taugue.*

La taugue est constituée principalement par des débris calcaires de coquillages marins.

Fig. 78. Effet du marnage.
Blé sans marne.    Blé avec marne.

## Résumé.

| | |
|---|---|
| 1. Quel est le but des amendements. | Les amendements ont pour principal objet d'améliorer le sol. |
| 2. Quels sont les principaux amendements. | Les principaux amendements sont la chaux, la marne, la tangue. |
| 3. Comment chaule-t-on. | On chaule avec de la chaux vive employée en poussière ou sous forme de composts, c'est-à-dire mélangée à des terreaux. |
| 4. Dans quelles terres? | La chaux est très utile dans les terres argileuses et les sols riches en humus. |
| 5. Qu'est-ce que la marne? | La marne est un mélange de calcaire et d'argile qu'on trouve dans le sol; elle est moins active que la chaux. |
| 6. Qu'est-ce que la taugue. | La tangue est formée des débris de coquillages marins. |

**DEVOIR.** — *Peut-on améliorer les terres argileuses ou riches en humus? En employant quoi? Et comment?*

## ———— 18ᵉ LEÇON ————

## La Potasse et la Soude. — La Lessive.

**La potasse et la soude se trouvent dans les végétaux.** — Lorsqu'on brûle du bois ou des plantes quelconques, vous savez qu'on obtient des cendres.

Dans ces cendres on trouve différentes substances minérales et notamment du sable ou silice, de la chaux, de la *potasse* et de la *soude*.

Certaines plantes, telles que le tabac, la pomme de terre, les fougères, les ajoncs, donnent des cendres riches en potasse. D'autres, particulièrement celles qui croissent au bord de la mer et les varechs, fournissent surtout de la soude.

**La soude.** — Vous connaissez tous la *soude* : elle se présente sous forme de gros cristaux durs. Elle se trouve facilement dans le commerce. Les épiciers la vendent sous le nom de « cristaux ».

Voici quelques-uns de ces cristaux de soude. Je les mets dans ce verre d'eau et je remue : ils se dissolvent comme le ferait un morceau de sucre. La soude est donc soluble dans l'eau. Elle rend l'eau savonneuse, douce au toucher ; vous pouvez vous en rendre compte.

Fig. 79. Fabrication du verre.

**Usages.** — La potasse et la soude ont de nombreux usages : elles entrent dans la composition des savons et du verre.

Le *verre* s'obtient en fondant ensemble dans des fours spéciaux, portés à une haute température, du sable, de la chaux, de la soude ou de la potasse (*fig.* 79). Les *savons durs* sont faits avec de la soude, et le *savon mou* avec de la potasse.

*La potasse est un aliment des plantes.* Quand le sol n'en contient pas suffisamment, on lui en fournit en s'adressant aux *engrais potassiques*, tels que : le *salfate de potassium*, le *chlorure de potassium* (*fig.* 80) et les *cendres*.

Fig. 80. Prairie naturelle.

| Pas d'engrais. | 100 kil. Chlorure de potassium ; 200 kil. Superphosphate. |
|---|---|
| Rendement : 1000 kil. | Rendement : 2300 kil. |

La potasse et la soude ont la propriété de rendre solubles dans l'eau les corps gras, et par conséquent de détacher le linge. C'est ce qui explique le rôle de la cendre sur la lessive ou bien l'emploi des cristaux de soude et des savons dans la lessive.

Fig. 81. La lessiveuse.

**Lessive.** — La *lessive*, à la ville, se fait ordinairement dans des lessiveuses en tôle galvanisée (*fig.* 81).

On commence par « essanger », c'est-à-dire savonner à l'eau froide, le linge à lessiver. Puis on le met dans la lessiveuse; on fait dissoudre des cristaux de soude dans de l'eau à raison de 50 gr. environ par kilogramme de linge pesé sec. On verse cette solution dans la lessiveuse, en y ajoutant la quantité d'eau nécessaire. Il importe de ne pas forcer la quantité de soude et de ne pas faire usage de chlore : le linge serait « brûlé ».

Puis on fait bouillir la lessive sur un fourneau pendant deux ou trois heures.

Grâce à un appareil intérieur, l'eau remonte sans cesse du fond par un tube et se répand en pluie sur le linge, sous le couvercle.

Il ne reste plus qu'à rincer le linge à l'eau claire.

A la campagne, on fait la lessive dans de grands cuviers en bois, en se servant de cendres de bois.

## *Résumé.*

| | |
|---|---|
| 1. Où trouve-t-on de la potasse et de la soude ? | La potasse et la soude existent dans les cendres des végétaux. |
| 2. Où les plantes les prennent-elles ? | Les plantes absorbent ces substances dans le sol. |

| | |
|---|---|
| **3.** Le sol contient-il toujours assez de potasse? | La potasse ne se trouve pas toujours dans le sol en assez grande quantité; on a recours alors aux engrais potassiques, tels que le chlorure de potassium, le sulfate de potassium et les cendres. |
| **4.** Parlez des usages de la potasse et de la soude. | La potasse et la soude entrent dans la composition des savons et du verre.<br>Elles sont utilisées dans la lessive, pour nettoyer le linge. |

DEVOIRS. — I. *Dites ce que vous savez de la potasse et de la soude: où les trouve-t-on? A quoi servent-elles?*
II. *Parlez des savons et de la lessive.*

## 19ᵉ LEÇON

## *Le Sel et ses usages.*

**Le sel de cuisine.** — Vous connaissez tous ces petits cristaux blancs grisâtres et ceux-ci, plus petits, plus purs, plus blancs : c'est du *sel de cuisine*. Goûtez-y : ils ont une saveur piquante, fraîche, agréable.

Le *sel* stimule l'appétit, relève le goût des aliments et favorise la nutrition. Il est indispensable à la vie de l'homme. Aussi est-il d'usage de saler les aliments. En France, chaque habitant en consomme près de 6 kilog. par an.

**Les marais salants.** — Le sel se retire surtout des eaux de la mer, ce qui lui a valu le nom de *sel marin*.

L'eau de la mer tient en dissolution diverses substances

Fig. 52. Marais salants.

salines et principalement du sel, qui lui donnent un goût fortement salé et un poids supérieur à celui de l'eau douce.

100 litres d'eau de mer contiennent près de 2 kg. 500 de sel.

Pour l'extraire, on creuse sur les bords de la mer des bassins larges et peu profonds, appelés *salines* ou *marais salants* (*fig.* 82), et où les eaux de la mer sont amenées à marée haute par de longs canaux. Là, elles s'évaporent peu à peu et abandonnent le sel, que l'on retire et que l'on met en petits tas.

Les plus importantes salines sont sur les bords de la Méditerranée, où elles couvrent 25 000 hectares. Il en existe aussi à Marennes (Charente-Inférieure) et au Croisic.

**Sel gemme.** — Le sel se rencontre aussi dans le sol en grosses masses transparentes. Ce sel est appelé *sel gemme;* il forme en certains points des gisements considérables qu'on exploite comme des mines de houille.

**Usages du sel.** — Le sel sert à assaisonner nos aliments, auxquels il donne plus de saveur.

Il empêche la putréfaction, la décomposition des matières végétales et animales. C'est ce qui vous explique pourquoi on l'emploie pour conserver le lard ou la viande, le beurre, les haricots verts, etc.

*Le sel est utile aux animaux;* la plupart en sont très friands. On devrait suspendre dans les vacheries et dans les bergeries des blocs de sel gemme à la portée des bêtes à cornes et des moutons.

<h2 style="text-align:center">Résumé.</h2>

| | |
|---|---|
| 1. Quel aspect a le sel ? | Le *sel* se présente sous forme de petits cristaux blancs grisâtres. |
| 2. Où le trouve-t-on. | On le retire des eaux de la mer, qu'on fait arriver dans des petits bassins plats (marais salants), où elles s'évaporent et déposent le sel. On trouve encore le sel dans des mines : c'est le sel gemme. |
| 3. Pourquoi l'emploie-t-on ? | Le sel est employé pour donner plus de goût à nos aliments. Il empêche les viandes de se corrompre : de là son emploi pour conserver les viandes, le beurre et les légumes. |
| 4. Doit-on en donner aux animaux ? | Les animaux ont aussi besoin de sel, et on devrait en mettre à leur portée dans les étables. |

DEVOIRS. — I. *Propriétés du sel. Comment l'obtient-on ?*

II. *Quelle différence faites-vous entre le sel gemme et le sel marin ? Parlez des usages du sel et des services qu'il rend.*

## ——— 20ᵉ LEÇON ———

# L'Azote. — Le Nitrate de soude.

**L'azote.** — Je vous ai déjà parlé de l'*azote*. Il sera souvent question de ce corps, car il joue un rôle important dans la nature.

Vous savez qu'il existe dans l'atmosphère, puisque l'air est composé de 1,5 d'oxygène et de 4,5 d'azote.

Rappelez-vous l'expérience de la bougie recouverte d'un flacon, et brûlant sur l'eau (*fig.* 83).

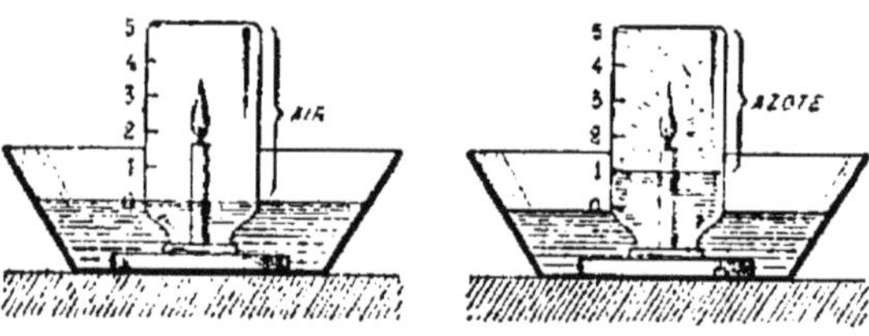


Fig. 83. L'air est composé de 1/5 d'oxygène et de 4/5 d'azote.

Lorsque la bougie s'éteint, il n'y a plus d'oxygène dans le flacon, mais il reste de l'azote. Cet azote est impropre à la combustion. De même il est impropre à la respiration.

**Son utilité.** — Et cependant l'azote est un aliment pour tous les êtres vivants. Mais ce n'est pas directement dans l'air que les êtres prennent en général l'azote dont ils ont besoin.

Ils le trouvent dans les corps azotés, dans les aliments dont ils se nourrissent.

Ainsi le *nitrate de soude* ou azotate de soude, le *sulfate d'ammoniaque* sont pour les plantes d'excellents aliments azotés (*fig.* 84 et 85).

Les plantes absorbent ces substances et fixent l'azote dans leurs organes.

Fig. 84. Culture de la pomme de terre.
Sans nitrate.     Avec nitrate.

Les animaux herbivores (qui vivent d'herbes) utilisent l'azote emmagasiné par les plantes, et les carnivores, celui qui leur est fourni par la chair des animaux dont ils se nourrissent.

**Le nitrate de soude.** — Le *nitrate de soude* se présente sous forme de petits cristaux d'un blanc sale, très solubles dans l'eau.

Fig. 85. Aspect d'un champ d'expérience dans la culture du blé.

Champ témoin.          Champ nitraté.

Fig. 86. Usine de nitrate de soude au Chili.

Ils absorbent la vapeur d'eau de l'air, se ramollissent et fondent. On trouve le nitrate de soude dans plusieurs parties de l'Amérique du Sud, notamment au Pérou, et au Chili, où il forme d'immenses carrières d'où on l'extrait (*fig.* 86).

Le nitrate de soude est pour les plantes un aliment azoté précieux, un engrais très efficace : 100 kg. de nitrate de soude contiennent de 15 à 16 kg. d'azote. Le sol n'absorbe pas, ne fixe pas le nitrate de soude; les eaux de pluie le dissolvent et l'entraînent dans le sous-sol. C'est pour cette raison que l'on ne répand le nitrate qu'au printemps, lorsque les plantes sont en état de l'absorber rapidement.

L'emploi du nitrate de soude s'est beaucoup développé.

En 1830, le Chili exportait 800 tonnes de nitrate.

En 1900, il en a exporté 1 400 000 tonnes.

En 1870, la France consommait 23 000 tonnes de nitrate; en 1900, elle en a employé 250 000 tonnes.

## Résumé.

| | |
|---|---|
| **1. Où trouve-t-on l'azote ?** | L'azote existe dans l'air, qui en contient les 4/5 de son volume. |

| | |
|---|---|
| 2. Parlez de ses propriétés et de son rôle. | Il est impropre à la combustion et à la respiration.<br><br>Cependant tous les êtres vivants ont besoin d'azote. |
| 3. Où les êtres vivants le prennent-ils ? | Les animaux herbivores le prennent dans les plantes.<br><br>Et les plantes le puisent dans le sol et dans les *engrais azotés* qu'on leur fournit. |
| 4. Que savez-vous du nitrate de soude ? | Le nitrate de soude est un excellent engrais azoté, très soluble dans l'eau et très énergique ; on l'emploie au printemps. |

DEVOIRS. — I. *Dites ce que vous savez de l'azote. — Où se trouve-t-il ? A quoi sert-il ? Où les plantes le prennent-elles ?*

II. *Avez-vous vu du nitrate de soude ? Indiquez ses caractères et ses propriétés. Ses usages. Son emploi.*

---

# 21ᵉ LEÇON

# Ammoniaque. — Sulfate d'ammoniaque.

### L'AMMONIAQUE.

**Propriétés.** — Voici un flacon contenant de *l'alcali volatil*, acheté chez le pharmacien. Débouchez-le et passez-le rapidement, avec précaution sous votre nez. Sentez-vous un gaz qui se dégage de ce flacon, vous donne des picotements dans le nez et remplit vos yeux de larmes ? Ce gaz est de *l'ammoniaque.*

**Composition.** — *L'ammoniaque ou alcali volatil contient de l'azote.*
Il se forme naturellement par la décomposition des matières organiques.

Les plantes qui se décomposent, les cadavres des animaux qui se putréfient laissent dégager de l'ammoniaque. Quand vous pénétrez dans une étable mal aérée et où les litières ne sont pas assez souvent renouvelées, lorsque vous passez près d'un tas de fumier frais en fermentation, une odeur piquante vous prend à la gorge : c'est de l'ammoniaque qui se dégage des litières ou des déjections animales, solides ou liquides.

La houille que l'on distille en vase clos pour la production du gaz d'éclairage laisse également dégager de l'ammoniaque.

**Emploi.** — L'alcali volatil sert à cautériser les piqûres des insectes, les morsures des serpents.

4.

On l'emploie aussi à la dose de deux cuillerées à bouche dans un litre d'eau pour combattre la *météorisation* des bêtes bovines, c'est-à-dire le gonflement provoqué par le trèfle ou les luzernes absorbés en trop grande quantité.

Quelques gouttes d'alcali dans un peu d'eau tiède nettoient parfaitement les taches graisseuses, empêchent le rétrécissement des flanelles.

### SULFATE D'AMMONIAQUE.

**Composition.** — L'ammoniaque forme avec l'acide sulfurique une poudre grossière d'un blanc sale, appelée *sulfate d'ammoniaque.*

Le sulfate d'ammoniaque est plus riche en azote que le *nitrate de soude*. Il contient 20 à 21 pour 100 d'azote. Il est très soluble dans l'eau. On le fabrique dans les usines à gaz, avec les vidanges des fosses d'aisances.

**Emploi.** — Autrefois ce produit était sans emploi.

Il n'en est plus de même aujourd'hui : on a reconnu que c'est un excellent engrais azoté (*fig.* 87 et 88). A notre époque, la fabri-

Fig. 87. Avoine.

Sans sulfate d'ammoniaque. — Avec sulfate d'ammoniaque.

Fig. 88. Cette fig. montre l'avantage du sulfate d'ammoniaque.

1. Blé avec une demi-fumure ; 2. Blé avec demi-fumure et superphosphate ; 3. Blé avec demi-fumure, superphosphate et sulfate d'ammoniaque.

cation annuelle du sulfate d'ammoniaque dans le monde entier dépasse 250 000 tonnes. Les usines à gaz de Paris en produisent chaque année plus de 8000 tonnes.

Malgré sa solubilité dans l'eau, il est plus stable, dans le sol, que le nitrate de soude.

On peut le répandre à l'automne; on l'enterre habituellement sous un léger labour.

## *Résumé.*

| | |
|---|---|
| 1. Qu'est-ce que l'ammoniaque? | Les fumiers, les matières en décomposition dégagent un gaz appelé ammoniaque. |
| 2. Quelles sont ses propriétés? | Ce gaz a une odeur piquante qui provoque les larmes. Dissous dans l'eau, il s'en échappe, il se volatilise; aussi l'appelle-t-on *alcali volatil.* |
| 3. Que savez-vous de son emploi? | On l'emploie pour cautériser les morsures des serpents, les piqûres des insectes et pour combattre la météorisation (gonflement des bêtes bovines). |
| 4. Qu'est-ce que le sulfate d'ammoniaque? | Le sulfate d'ammoniaque provient de la fabrication du gaz d'éclairage ou des vidanges des fosses d'aisances. |
| 5. Quel est son emploi? | C'est un engrais actif destiné à fournir de l'azote aux plantes. |

DEVOIRS. — I. *Que savez-vous du sulfate d'ammoniaque? Comment se forme-t-il? A quoi sert-il?*

II. *Avez-vous vu du sulfate d'ammoniaque? Indiquez ses caractères, ses propriétés, son emploi.*

## ——— 22ᵉ LEÇON ———

# *Phosphore. — Acide phosphorique.*

**Le phosphore.** — Vous connaissez tous le *phosphore :* c'est lui que vous voyez au bout de cette allumette.

S'il était pur, il s'enflammerait spontanément dès qu'il serait exposé à l'air.

Celui qui est au bout de cette allumette n'est pas pur; c'est pour cette raison qu'il ne s'enflamme qu'en frottant l'allumette, et en le portant par le frottement à une température d'environ 60° centigrades.

L'oxygène, en brûlant le phosphore, forme de l'*acide phosphorique.*

**Acide phosphorique, phosphates.** — L'acide *phosphorique* se trouve dans la nature à l'état de combinaison avec la chaux, sous forme de *phosphates.*

Les phosphates se rencontrent dans les plantes et dans les animaux, principalement dans les graines et dans les *os.*

On trouve également du phosphate dans le sol où il forme,

certains points, des gisements, des carrières, d'où on l'extrait. Le phosphate provenant du sol est désigné sous le nom de phosphate *minéral* ou phosphate *naturel*. Les départements des Ardennes, de la Somme, de l'Oise, de l'Ain, ainsi que l'Algérie, le Canada, possèdent d'importantes carrières de phosphates.

Dans les usines métallurgiques, où l'on fabrique l'acier, on obtient des résidus appelés *scories*, qui contiennent également du phosphate. Ce phosphate provient des minerais de fer.

**Emploi du phosphore.** — Le phosphore est employé pour la fabrication des allumettes.

C'est un corps dangereux, un poison très violent, et cependant il est indispensable à la vie.

Tous les êtres vivants ont besoin de phosphore, mais ils l'absorbent sous forme de phosphate. Les plantes prennent le phosphate dans le sol, et les animaux l'empruntent aux plantes ou aux aliments dont il se nourrissent.

Fig. 89. Emploi des engrais phosphatés.
Blé sans engrais.     Blé avec engrais.

**Engrais phosphatés.** — Le sol ne contient généralement pas assez de phosphate pour produire d'abondantes récoltes. On y supplée à l'aide d'engrais phosphatés (*fig.* 89).

Les plus employés sont les *os*, les *phosphates naturels*, les *superphosphates* et les *scories*.

Ces engrais ne sont pas entraînés dans le sous-sol par les eaux pluviales; ils sont fixés par le sol. On peut donc les employer à forte dose sans crainte de déperdition : ce qu'une récolte n'utilise pas profite à la suivante.

Les engrais phosphatés doivent autant que possible être répandus avant les semailles, et incorporés au sol par un labour.

On les emploie aussi sur les prairies naturelles.

## *Résumé.*

| | |
|---|---|
| 1. Propriétés du phosphore. | Le phosphore peut s'enflammer au contact de l'air C'est un corps dangereux. |
| 2. Quels sont ses emplois ? | On l'emploie en mélange avec d'autres substances pour la fabrication des allumettes ; il ne s'enflamme alors que par frottement. |
| 3. Qu'est-ce que l'acide phosphorique ? | Le phosphore forme avec l'oxygène de l'acide phosphorique. |

| | |
|---|---|
| 4. Qu'e t ce que le phosphate? | Les phosphates sont composés d'acide phosphorique et de chaux. |
| 5. Où le trouve-t-on ? | Le phosphate existe dans les graines des plantes et dans les os des animaux; on le trouve aussi dans certaines carrières et dans les scories provenant de la fabrication de l'acier. |
| 6. A quoi sert le phosphate? | Les phosphates fournissent aux plantes et aux animaux le phosphore dont ils ont besoin. |
| 2. Quels sont les principaux engrais phosphatés. | Les engrais phosphatés les plus employés sont les os, les *phosphates du sol*, les *superphosphates* et les *scories*. |

DEVOIRS. — I. *Dites ce que vous savez :* 1º *du phosphore;* 2º *de l'acide phosphorique;* 3º *des phosphates.*

II. *Qu'appelez-vous engrais phosphatés? Citez des engrais phosphatés? Comment doit-on les employer?*

## —————— 23ᵉ LEÇON ——————

## *Les Engrais. — Le Fumier.*

**Rôle des engrais.** — Pour vivre, se développer et former leurs tiges et leurs feuilles, leurs fleurs et leurs fruits, les plantes ont besoin d'aliments qu'elles empruntent à l'air et au sol.

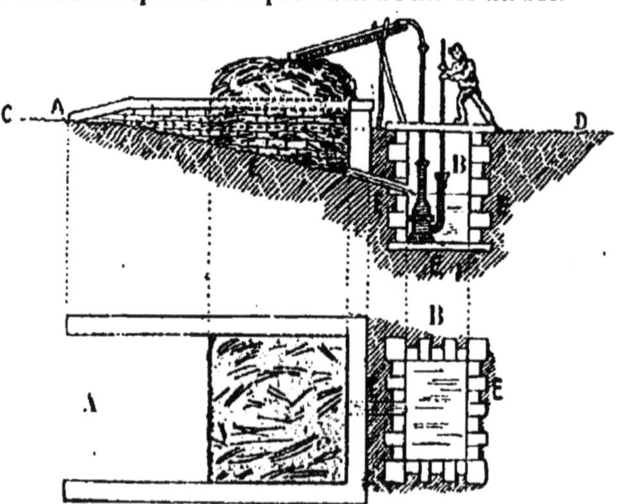


Fig. 90. Fumière et fosse à purin (coupe verticale dans le sens de la longueur et plan).
A. Entrée de la fumière; B. Fosse à purin avec pompe; CD. Niveau du sol;
E. Revêtement en argile.

Les principaux aliments qu'elles puisent dans le sol sont : l'azote, l'*acide phosphorique* et la *potasse*. Lorsque le sol ne contient pas ces principes en quantité suffisante, on y supplée à l'aide d'engrais.

Par *engrais*, on entend toutes les matières que l'on introduit dans le sol pour servir d'aliment aux plantes et leur fournir de l'azote, de l'acide phosphorique ou de la potasse.

**Le fumier de ferme.** — Le *fumier de ferme* contient ces trois principes; il provient des déjections des animaux absorbées par les litières. C'est un excellent engrais. Mais sa préparation exige des soins. Un fumier étalé au milieu de la cour, lavé par les pluies et brûlé par le soleil, laisse dégager de l'azote dans l'air et cède aux eaux des pluies qui le lavent de l'azote, de l'acide phosphorique et presque toute sa potasse.

**Soins à donner au fumier.** — Le fumier négligé a souvent perdu les 2/3 de sa valeur.

Pour éviter ces pertes, un agriculteur soigneux doit placer son fumier sur un emplacement imperméable, conduisant le purin dans une fosse spéciale. Il le met en un tas bien dressé, bien tassé, et le maintient frais en l'arrosant de temps en temps avec le purin qui s'écoule (*fig.* 90).

Le purin est un engrais actif; on doit le recueillir avec grand soin; il produit d'excellents résultats sur les prairies naturelles ou sur les terres destinées à être ensemencées en pommes de terre ou en betteraves (*fig.* 91 et 92).

Les cultivateurs qui négligent de le recueillir sont bien cou-

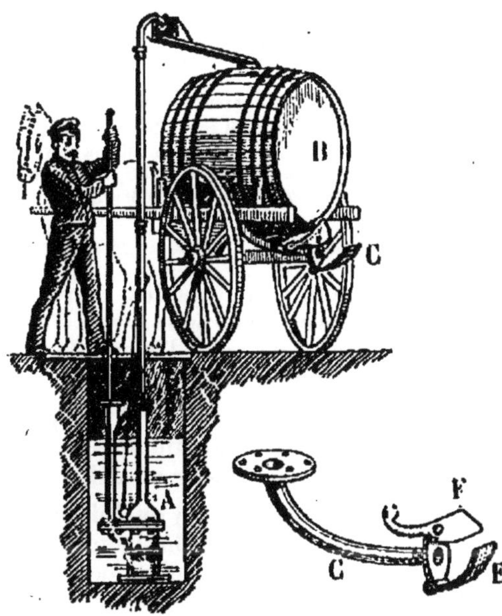

Fig. 91. Transport du purin.

A. Pompe Fowler; B. Tonneau; C. Robinet d'épandage;
E. Plaque d'épandage : le jet de purin vient se briser
contre elle et s'étend de chaque côté en ailes de papillon; F. Plaque mobile destinée à fermer le canal de
sortie du purin ou à en régler l'ouverture.

pables : chaque fois qu'ils perdent 1 hectolitre de purin, ils perdent 50 centimes.

Fig. 92  Puissance fertilisante des produits liquides et gazeux du fumier.

Les trois pots sont ensemencés en gazon : A a reçu du purin ; B reçoit le gaz dégagé du fumier en fermentation dans la bouteille ; C n'a rien reçu. On renouvelle l'air du flacon F en soufflant en S, soit au moyen d'un soufflet relié au tube par un caoutchouc, soit autrement.  (*Expérience extraite de l'Instruction ministérielle du 4 janvier 1897.*)

## Résumé.

| | |
|---|---|
| 1. Qu'entend-on par engrais ? | On désigne sous le nom d'engrais les diverses matières que l'on incorpore au sol pour servir d'aliments aux plantes et leur fournir de l'azote, de l'acide phosphorique et de la potasse. |
| 2 Parlez du fumier. | Le fumier est un excellent engrais qu'il faut préparer et conserver soigneusement. Un fumier négligé a souvent perdu les deux tiers de sa valeur. |
| 3. Que savez-vous du purin ? | Le purin est aussi un engrais actif ; on doit le recueillir et en arroser le fumier ou les herbages. <br> Tout cultivateur qui perd un hectolitre de purin perd cinquante centimes. |

DEVOIRS. — I. *Le fumier est un bon engrais. Dites pourquoi. Expliquez la manière de le conserver.*

I. *Même devoir pour le purin.*

## ———— 24ᵉ LEÇON ————

## *Engrais complémentaires.*

**Nécessité d'engrais complémentaires à côté du fumier.** — *Le fumier est le meilleur des engrais :* il apporte avec lui non seulement les principes indispensables aux plantes, mais encore de l'humus qui agit directement sur le sol et en corrige les défauts.

Mais le fumier n'est pas toujours produit en assez grande quantité. De plus, une partie des récoltes de la ferme sort de cette ferme sous forme de paille, de grain, de viande, de lait, etc. Le fumier ne rapporte, ne restitue donc à la terre qu'une partie des principes enlevés par les récoltes.

En outre, le fumier reflète assez exactement la nature du sol : si un sol est pauvre en acide phosphorique, le fumier obtenu avec les produits de ce sol ne sera pas assez riche en acide phosphorique et ne pourra guère améliorer le sol à ce point de vue.

Pour toutes ces raisons, on doit recourir aux engrais complémentaires, c'est-à-dire à des engrais commerciaux destinés non à remplacer le fumier, mais à le compléter.

**Principaux engrais complémentaires.** — Les engrais complémentaires peuvent être divisés en trois groupes :

1° les engrais destinés à fournir de l'acide phosphorique ou engrais *phosphatés* ;

2° les engrais destinés à fournir de l'azote ou *engrais azotés* ;

3° les engrais destinés à fournir de la potasse ou *engrais potassiques.*

Fig. 93. Effet des engrais phosphatés sur prairie naturelle.

Pas d'engrais      200 kil. Chlorure      500 kil. Superphosphate,
Rendement : 5 200 kil.   de potassium      200 kil. Chlorure
              Rendement : 6 000 kil.        de potassium
                                          Rendement : 9 600 kil.
Excédent produit par le superphosphate : 3 600 kil.

**Engrais phosphatés.** — Les principaux engrais phosphatés sont :

Les *phosphates naturels,* que l'on extrait du sol dans les Ardennes, la Meuse, l'Ain, etc.;

Les *superphosphates,* que l'on obtient en traitant les phosphates naturels par l'acide sulfurique (*fig.* 93);

Les *scories*, que l'on produit dans les usines métallurgiques, où l'on fabrique l'acier ;

Les *os* réduits en poudre.

**Engrais azotés.** — Les principaux engrais azotés complémentaires sont : le *nitrate de soude* et le *sulfate d'ammoniaque* (*fig. 94*

Fig. 94. Culture de la pomme de terre.
Sans nitrate.          Avec nitrate.

Fig. 95. Avoine.
Sans sulfate          Avec sulfate
d'ammoniaque.          d'ammoniaque.

et 95). On emploie aussi le *sang* desséché, la *corne* pulvérisée et les *tourteaux*. Les tourteaux sont les résidus des graines oléagineuses dont on a extrait l'huile.

**Engrais potassiques** (*fig. 96*). — Les engrais potassiques les plus employés sont : le *chlorure de potassium*, le *sulfate de potasse* et les *cendres*.

Fig. 96. Prairie naturelle.

Pas d'engrais.          100 kil. Chlorure de
Rendement : 1000 kil.     potassium; 300 kil.
                          Superphosphate.
                          Rendement : 2300 kil.

**Achat des engrais complémentaires.** — Il ne faut jamais acheter un engrais sans connaître exactement sa composition, sans savoir *quelle est la quantité réelle d'acide phosphorique, d'azote ou de potasse qu'il contient.* On doit exiger du vendeur une facture *garantissant cette quantité.*

## Résumé.

**1. Quel est le but des engrais complémentaires.**

Le fumier est le meilleur des engrais, mais il est utile de lui adjoindre d'autres engrais destinés non

| | |
|---|---|
| | à le remplacer mais à le compléter : ce sont les engrais complémentaires. |
| **2. Citez des engrais complémentaires.** | Les engrais complémentaires peuvent être divisés en trois groupes : les *engrais phosphatés*, ex. : les phosphates, les superphosphates, les os; — les *engrais azotés*, ex. : le nitrate de soude; — les *engrais potassiques*, ex. : le chlorure de potassium. |
| **3. Faut-il prendre des précautions dans l'achat des engrais ?** | Il ne faut jamais acheter un engrais sans connaître exactement sa composition. Et l'on doit exiger du vendeur une facture garantissant cette composition. |

DEVOIRS. — I. *Qu'appelez-vous engrais complémentaires? Donnez des exemples.*

II. *Montrez l'utilité de ces engrais.*

## 25ᵉ LEÇON

## *Les Métaux.*

**Les outils des premiers hommes.** — Les premiers hommes, il y a quelques milliers d'années, fabriquaient leurs outils avec des pierres qu'ils taillaient et polissaient (*fig.* 97 et 98).

**Les métaux.** — Plus instruits, plus heureux que nos premiers ancêtres, nous savons extraire du sein de la terre le fer et une foule d'autres métaux, avec lesquels nous fabriquons des instruments, des outils de toute nécessité.

Les *métaux* les plus employés sont : le fer, le cuivre, le zinc, l'étain, le plomb, le mercure, le nickel, l'aluminium, le platine, l'argent, l'or, etc.

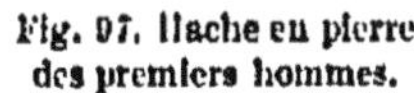

Fig. 97. Hache en pierre des premiers hommes.

Fig. 98. Pointe de lance en pierre polie.

**Propriétés des métaux.** — Tous ces métaux sont solides, sauf le mercure, qui est liquide. Tous peuvent passer à l'état liquide lorsqu'on les chauffe suffisamment.

Le fer et le cuivre ne fondent qu'à une très haute température, ce qui permet de les utiliser dans la fabrication des ustensiles devant aller au feu. Le plomb et l'étain, au contraire, fondent facilement et sont impropres à cet usage.

Les métaux *malléables* sont ceux qui peuvent être réduits en lames minces par le *laminoir* (*fig.* 99). L'or, l'étain, le cuivre sont très malléables.

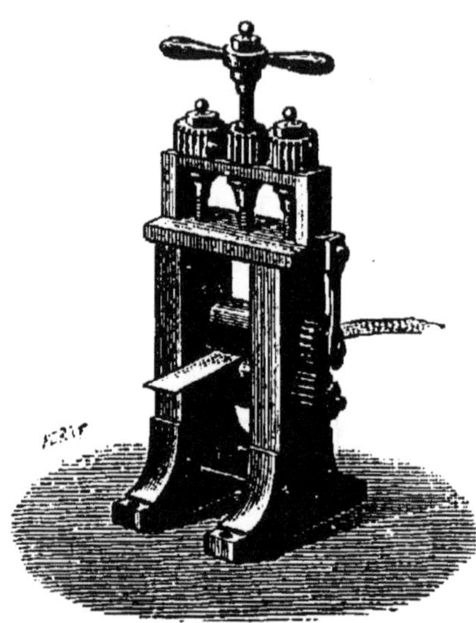

Fig. 99. Pour réduire un métal à l'état de lame mince, on le fait passer au laminoir.

Quelques métaux se laissent aussi étirer en fils fins, lorsqu'on les passe dans une *filière* (*fig.* 100) : on dit qu'ils sont *ductiles.* Le cuivre, le fer et surtout l'or sont très ductiles; ils donnent des fils très fins.

Les métaux n'ont pas tous la même *dureté*. Le fer est plus dur que le cuivre, et celui-ci l'est plus que le plomb.

**Alliage.** — En fondant ensemble plusieurs métaux, on obtient un *alliage* : le *laiton* est l'alliage du cuivre et du zinc; le bronze s'obtient avec le cuivre, le zinc et l'étain; les caractères d'imprimerie (*fig.* 101), avec le plomb, l'étain et l'antimoine.

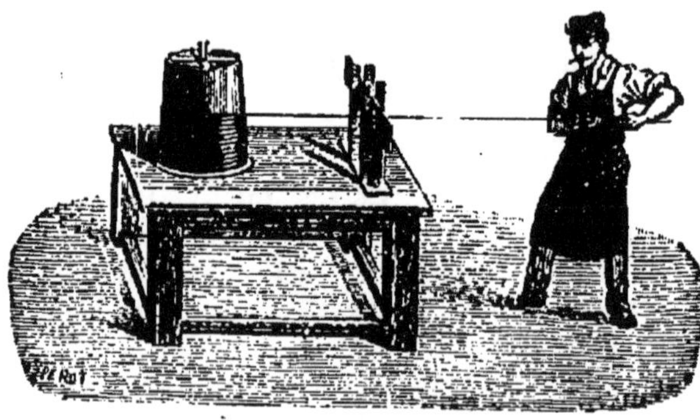

Fig. 100. Le passage du cuivre à la filière.

Fig. 101. Caractère d'imprimerie.

**Extraction des métaux.** — La plupart des métaux ne se trouvent pas tout préparés dans le sol; on les retire de certaines pierres qui les renferment et qu'on appelle des *minerais*.

Les mines sont les lieux d'où l'on extrait les minerais.

Après avoir été triés, lavés et broyés, les minerais sont soumis à un traitement chimique ou fondus : on en retire le métal.

Les minerais de fer sont fondus dans les *hauts-fourneaux* (*fig.* 102). De ces hauts-fourneaux s'écoule la *fonte*, dont on retire le *fer* ou l'*acier*, qui est plus dur que le fer.

**Usages.** — Les métaux nous rendent des services immenses. Il ne nous serait plus possible de nous passer d'eux.

Le fer est le plus important de tous; c'est celui qui est le plus utile, celui dont l'emploi est le plus fréquent.

Regardez autour de vous : il n'est pas un objet qui ne soit en fer ou qui n'ait été fabriqué avec des outils en fer. Le monde entier prépare actuellement plus de 30 milliards de kilog. de fer (fer, fonte, acier). Ce chiffre colossal montre l'importance énorme de ce métal.

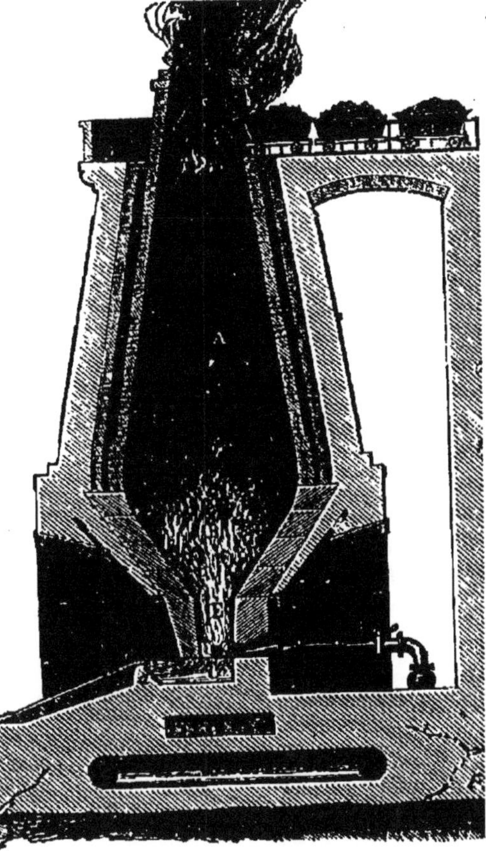

Fig. 102. Le haut-fourneau.

## Résumé.

| | |
|---|---|
| 1. Utilité des métaux. | Les métaux ont remplacé la pierre dans la fabrication des outils et des instruments. |
| 2. Peuvent-ils changer d'état ? | Presque tous les métaux sont solides, mais ils peuvent devenir liquides sous l'influence de la chaleur. |

| | |
|---|---|
| 3. Quelles sont leurs propriétés ? | Les métaux sont malléables et ductiles, c'est-à-dire peuvent être réduits en lames minces, ou étirés en fils fins. |
| 4. Qu'est-ce qu'un alliage ? | Un alliage est le mélange de plusieurs métaux fondus ensemble : le laiton, le bronze sont des alliages. |
| 5. Où trouve-t-on les métaux ? | Les métaux sont en général retirés de pierres très dures appelées minerais. |
| 6. Qu'appelle-t-on hauts-fourneaux ? | Les hauts-fourneaux sont les fours où l'on fond le minerai de fer, dont on retire la fonte qui donne le fer et l'acier. |
| 7. Emploi des métaux. | Les métaux nous sont très utiles pour tous les usages journaliers. Le plus utile et le plus employé est le fer. |

**DEVOIRS.** — I. *Où trouve-t-on les métaux? Comment les extrait-on? Quelles sont leurs propriétés?*

II. *A-t-on toujours employé les métaux? Nous rendent-ils des services? Comment?*

# 2ᵉ PARTIE

## L'HOMME

### 2Eᵉ LEÇON

#### L'Homme.

**Le corps humain.** — Examinons notre corps, pour en distinguer les différentes parties.

Voici d'abord la *tête* portée par le *cou*, puis le *tronc*, qui va du cou aux cuisses, enfin les *membres*.

**Tête.** — La tête renferme le cerveau et les organes de la vue, de l'ouïe, de l'odorat et du goût, c'est-à-dire : les yeux, les oreilles, le nez et la langue.

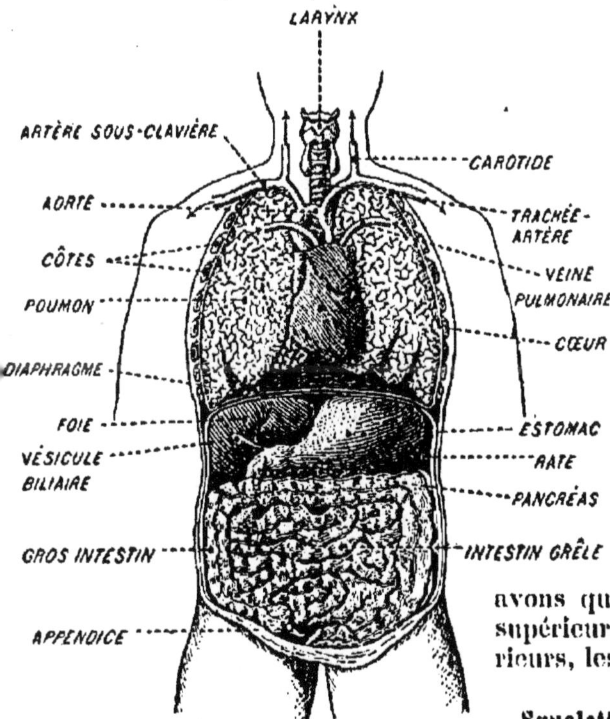


Fig. 103. Le tronc de l'homme.

**Tronc.** — Le tronc est divisé en deux compartiments par une cloison transversale membraneuse appelée diaphragme (*fig.* 103). La partie supérieure est la *poitrine* : elle comprend les poumons et le cœur ; la partie inférieure, appelée *abdomen* ou *ventre*, comprend l'estomac, le foie, le pancréas et les intestins.

**Membres.** — Nous avons quatre membres : deux supérieurs, les *bras* ; deux inférieurs, les *jambes*.

**Squelette.** — Vous sentez, sous la chair, des parties dures :

ce sont les os. L'ensemble des os du corps forme le squelette (*fig.* 104).

Le squelette humain se compose d'environ 200 os.

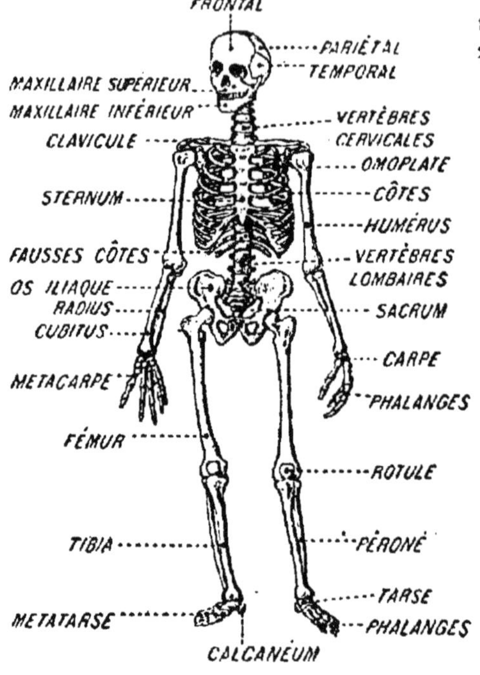


Fig. 104. Le squelette de l'homme.

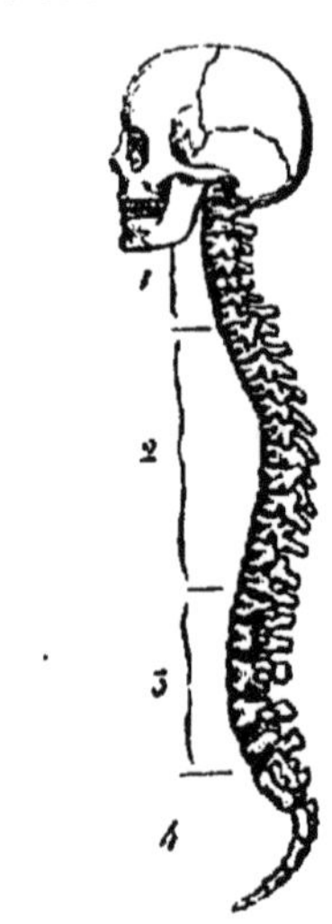

Fig. 105. Colonne vertébrale.

1. Région cervicale (7 vertèbres).
2. Région dorsale (12 vertèbres).
3. Région lombaire (5 vertèbres).
4. Sacrum et coccyx (9 vertèbres).

**Os de la tête.** — La tête est une partie très osseuse : voici le *crâne*, réunion de plusieurs os formant une boîte dans laquelle est logé le cerveau, et voici le *maxillaire inférieur* qui est mobile, et le *maxillaire supérieur* qui est fixe.

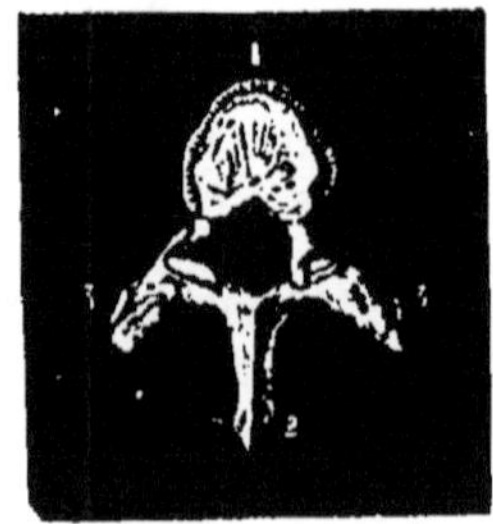

Fig. 106. Vertèbre de l'homme.

**Os du tronc.** — Les principaux os du tronc sont : la *colonne vertébrale* ou *épine dorsale* en arrière, les *côtes* sur les côtés de la poitrine et le *sternum* en avant.

La *colonne vertébrale* est constituée par une série de 33 petits os appelés *vertèbres*, empilés les uns sur les autres (*fig.* 105 et 106) et formant au milieu un canal rempli d'une substance appelée *moelle épinière* en communication avec le cerveau.

**Os des membres.** — Chacun des membres comprend quatre parties :

1° Pour les membres supérieurs : l'*épaule*, l'os du bras ou *humérus*, les deux os de *l'avant-bras* et les os de la *main*;

2° Pour les membres inférieurs : la *hanche*, l'os de la cuisse ou *fémur*, les os de la *jambe* et les os du *pied*.

**Articulations.** — Les os sont articulés, c'est-à-dire attachés bout à bout au moyen de *ligaments* très résistants, leur permettant de se plier l'un sur l'autre, sans se séparer aux points de jointure (*fig.* 107).

**Muscles.** — Les mouvements sont imprimés aux os par les *muscles*, qui, en se contractant, diminuent de longueur et rapprochent les os (*fig.* 107). Les muscles forment la chair ou ce qu'on appelle vulgairement la *viande*.

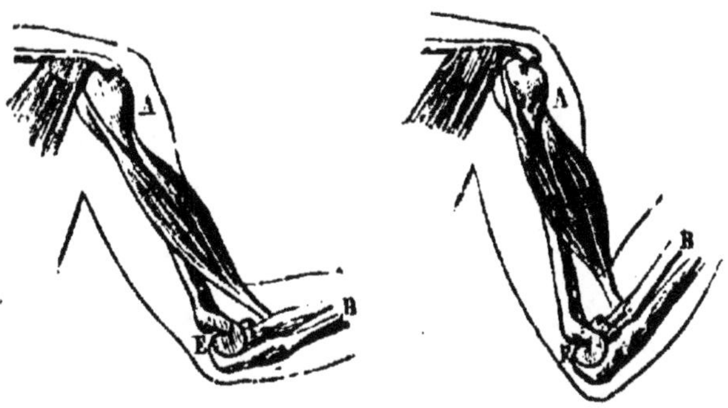

Fig. 107. Les muscles : Muscle biceps montrant comment la contraction d'un muscle provoque le mouvement d'un os.

A. Os du bras; B. Os de l'avant-bras; E. Articulation du coude.

## *Résumé.*

| | |
|---|---|
| 1. Quelles sont les différentes parties du corps humain ? | Le corps humain se compose de différentes parties; ce sont :<br>La *tête*, siège du cerveau et des organes de la vue, du goût et de l'odorat;<br>Le *tronc* comprenant la poitrine et l'abdomen;<br>Les *membres*, c'est-à-dire les bras et les jambes. |
| 2. Qu'appelle-t-on squelette ? | On appelle *squelette* l'ensemble des os de notre corps. |

| | |
|---|---|
| 3. Qu'appelle-t-on articulations ? | Les articulations sont les ligaments, les attaches, qui réunissent les os entre eux et leur permettent de se plier les uns sur les autres. |
| 4. Que savez-vous des muscles ? | Les muscles sont constitués par la chair qui entoure les os. En se contractant, ils tirent sur les os et les rapprochent. |

DEVOIRS. — I. *Dites ce que vous savez du squelette et de ses principales parties.*

II. *Dites ce que vous savez des articulations et des muscles. Comment expliquez-vous que les jambes et les bras peuvent se plier ou s'allonger ?*

## —— 27ᵉ LEÇON ——

## *Le Système nerveux. — Les Sens.*

**Le système nerveux.** — Lorsque nous voulons marcher, remuer nos bras ou notre corps ; lorsque nous voulons parler ou faire un mouvement quelconque, les muscles se contractent et les actes s'accomplissent. Nous commandons et nous sommes obéis.

**Cerveau.** — C'est du cerveau que part le commandement. Le cerveau est contenu dans le crâne ; c'est l'organe le plus important de notre corps, car il est le siège de la volonté et de l'intelligence. Il se prolonge le long de la colonne vertébrale par la *moelle épinière* logée dans les vertèbres.

**Nerfs.** — Mais qu'est-ce qui transmet aux muscles les ordres partant du cerveau ? Ce sont les nerfs.

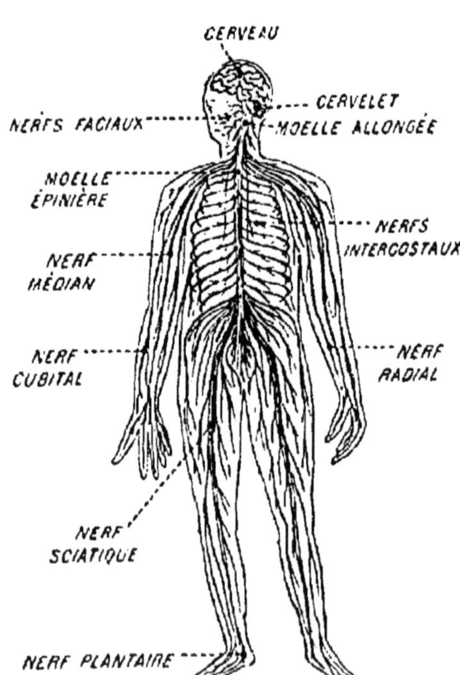


Fig. 108. Système nerveux.

5.

Les *nerfs* sont des filaments blanchâtres qui partent du cerveau et de la moelle épinière, et se ramifient par tout le corps (*fig.* 108).

Voulons-nous marcher, tirer l'alène, frapper le fer sur l'enclume, écrire...? Nos nerfs *moteurs* commandent nos muscles, et aussitôt nos jambes marchent, nos bras travaillent, nos doigts écrivent.

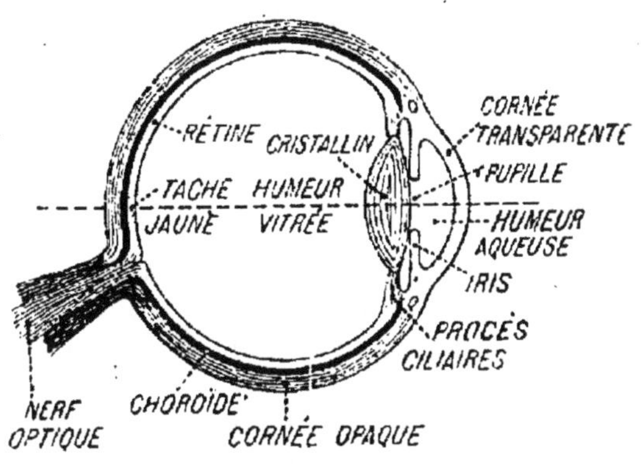


Fig. 109. L'œil, organe de la vue.

Vous vous blessez, vous vous brûlez par mégarde : aussitôt l'impression douloureuse est portée par des nerfs *sensitifs* au cerveau, qui vous donne conscience de votre maladresse. Vous goûtez votre soupe que votre mère a oublié de saler : immédiatement les nerfs de la langue vous l'indiquent.

Vous voyez que les nerfs transmettent aux organes les ordres du cerveau et rapportent au cerveau les impressions, les sensations éprouvées par les organes : ils agissent à la façon des fils télégraphiques.

**Sens.** — Les diverses sensations que nous éprouvons sont données par les organes des sens et transmises au cerveau par les nerfs.

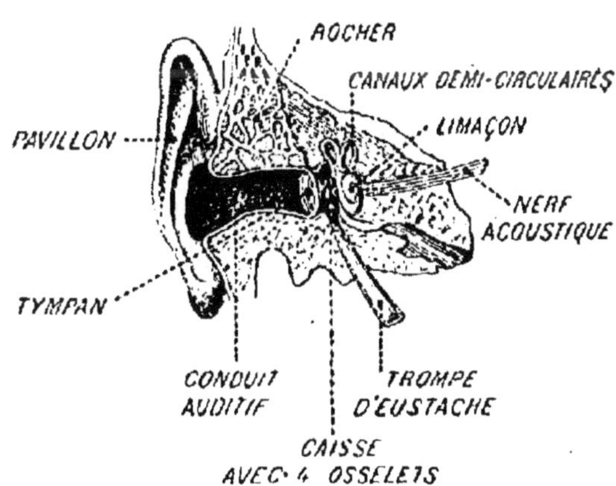


Fig. 110. L'oreille, organe de l'ouïe.

Nous avons cinq sens : la vue, l'ouïe, le toucher, l'odorat et le goût.

La *vue* a pour organes les yeux : l'œil reçoit l'image des objets observés. Cette image est transmise au cerveau par le *nerf optique* (*fig.* 109).

L'*ouïe* a pour organes les oreilles. La partie extérieure de l'oreille n'est pas la principale ; les organes indispensables pour entendre sont logés profondément dans les os du crâne. Ces organes enregistrent les sons et les communiquent au *nerf auditif,* qui les rapporte au cerveau (*fig.* 110).

Le *toucher* est un sens qui réside dans la peau du corps et en particulier à l'extrémité des doigts; il nous renseigne sur la forme, les dimensions, la nature et la température des objets.

L'*odorat* a pour organe le nez, qui nous fait percevoir les odeurs.

Le *goût* a pour organe la langue, qui nous permet d'apprécier la saveur des aliments.

### *Résumé.*

| | |
|---|---|
| 1. Qu'est-ce que le cerveau ? | Le cerveau est le siège de la volonté et de l'intelligence. Cet organe est contenu dans la boîte crânienne et se prolonge par la moelle épinière le long de la colonne vertébrale. |
| 2. Comment s'établit la communication du cerveau avec les organes ? | Le cerveau communique avec nos organes par les nerfs. Ceux-ci lui apportent nos sensations et transmettent ensuite ses ordres à nos organes. |
| 3. Combien avons-nous de sens ? | Les sensations que nous pouvons éprouver sont au nombre de cinq : la vue, l'ouïe, le toucher, l'odorat et le goût. |

DEVOIRS. — I. *Dites ce que vous savez du cerveau et de sa fonction, et expliquez le rôle des nerfs.*

II. *Quels sont les sens que nous possédons ? Indiquez le siège de chacun d'eux.*

## —————— 28ᵉ LEÇON ——————

## *La Nutrition.*

**Pourquoi on mange.** — Nos organes sont faits pour fonctionner. Si nous les condamnions au repos, nous nuirions à notre santé et abrégerions notre existence.

Mais lorsque nous travaillons, lorsque nous réfléchissons et raisonnons, lorsqu'en un mot nos organes fonctionnent, ces organes s'usent.

Nous devons les réparer : le sang qui circule dans toutes les parties de notre corps se charge de ce soin.

Mais ce sang s'use lui-même, et pour continuer de vivre, nous sommes obligés de renouveler notre provision de sang. Et comment? — En prenant des aliments. Nous mangeons pour réparer l'usure de notre corps, nous mangeons pour vivre.

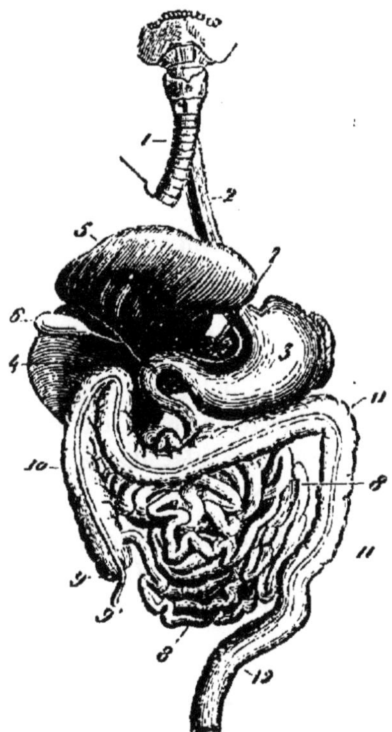

Fig. 111. Appareil digestif de l'homme.

1. Trachée-artère; 2. Œsophage; 3. Estomac; 4. Duodénum; 5. Foie; 6. Vésicule biliaire; 7. Pancréas; 8. Intestin grêle; 9. Cœcum; 9'. Appendice cœcal; 10, 11, 12. Gros intestin.

**Organes de la nutrition.** — Les aliments sont transformés, digérés dans le tube digestif (*fig.* 111).

Le tube digestif comprend la *bouche*, l'*œsophage*, l'*estomac* et l'*intestin*.

**La bouche et l'œsophage.** — Dans la bouche, les aliments solides sont broyés par les *dents* (*fig.* 112), humectés par la *salive* et réduits en bouillie épaisse.

Cette bouillie est poussée dans un canal appelé *œsophage*, qui la verse dans l'*estomac*.

**L'estomac.** — L'*estomac* est une poche ayant à peu près la forme d'une cornemuse. Il sécrète un acide appelé *suc gastrique*.

Là, les aliments sont brassés et réduits en une bouillie très liquide.

**L'intestin.** — Ils passent alors dans l'*intestin grêle*, puis dans le *gros intestin*.

L'*intestin grêle* mesure 6 à 8 m. de long. C'est pendant leur passage dans l'intestin grêle que les aliments transformés, préparés, mis en état de nous nourrir, de former du sang, sont absorbés.

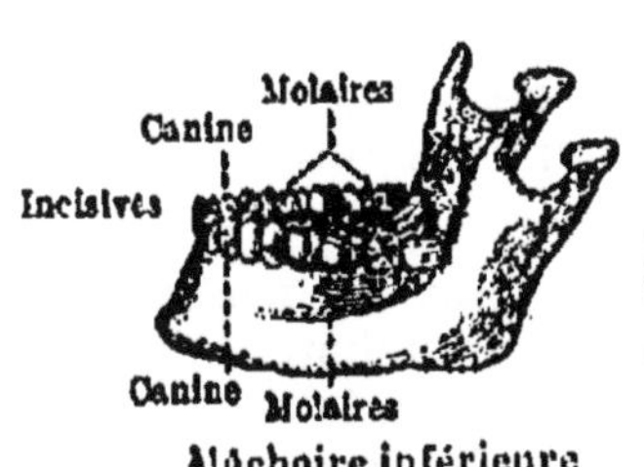


Mâchoire inférieure de l'homme.

Coupe d'une dent.

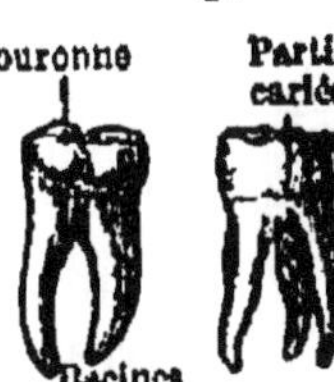


Molaires.

Incisive. Canine.

Fig. 112. Les Dents.

Le reste est expulsé : ce sont les excréments.

Ce n'est pas tout ce qu'on avale qui nous nourrit, mais ce qu'on *digère*, c'est-à-dire ce qui passe dans le sang : il importe donc de favoriser la digestion. On le peut, en mangeant à des heures fixes, en mangeant lentement et en bien mâchant; enfin en mangeant et en buvant suivant ses besoins, jamais en excès.

La sobriété est le meilleur des médecins.

### *Résumé.*

| | |
|---|---|
| 1. Que doit-on faire pour l'entretien de sa vie? | Pour l'entretien de sa vie, on est obligé de se nourrir et de respirer. |
| 2. Qu'est-ce que se nourrir? | Se nourrir, c'est prendre des *aliments;* c'est manger et boire raisonnablement. |
| 3. Que deviennent les aliments absorbés? | Les aliments absorbés passent dans le *tube digestif* et font du *sang*, liquide nourricier de notre corps. |
| 4. Qu'est-ce que le tube digestif? | Le tube *digestif* comprend la *bouche*, l'*œsophage*, l'*estomac*, l'*intestin grêle* et le *gros intestin*. |

DEVOIRS. — I. *Quelles sont les principales substances que nous mangeons? Dans quel but mangeons-nous? Que deviennent ces aliments?*

II. *Parlez du tube digestif. Dites ce que vous savez de chacun des organes dont il se compose.*

---

## 29ᵉ LEÇON

## *Le Sang. — La Circulation.*

**Le sang.** — Vous savez maintenant que le sang provient de la digestion des aliments et qu'il sert à nourrir notre corps, à réparer l'usure journalière de nos organes.

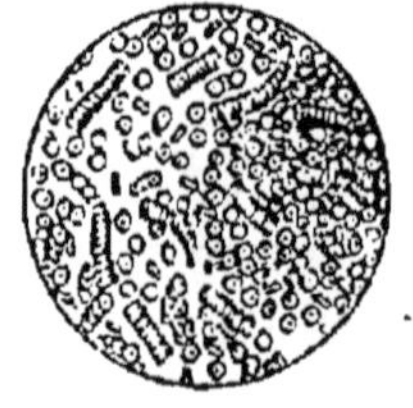

Fig. 113. Gouttelette de sang avec ses globules (vue au microscope).

C'est un liquide jaunâtre contenant un nombre infini de petits globules rouges. Le corps d'un homme contient cinq à six litres de sang (*fig.* 113).

**Le sang circule dans toutes les parties du corps.** — Si vous vous piquiez n'importe où, si vous vous faisiez une déchirure, le sang sortirait aussitôt. C'est qu'en effet le sang circule dans toutes les parties de notre corps.

Il est contenu dans le *cœur*, les *artères*, les

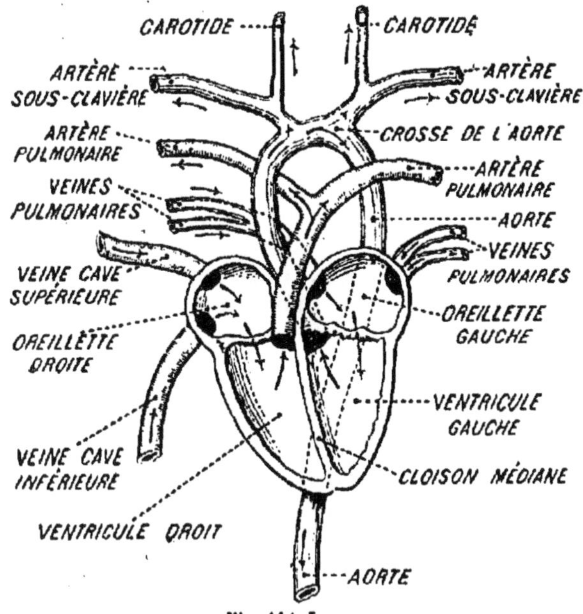


Fig. 114. Le cœur.

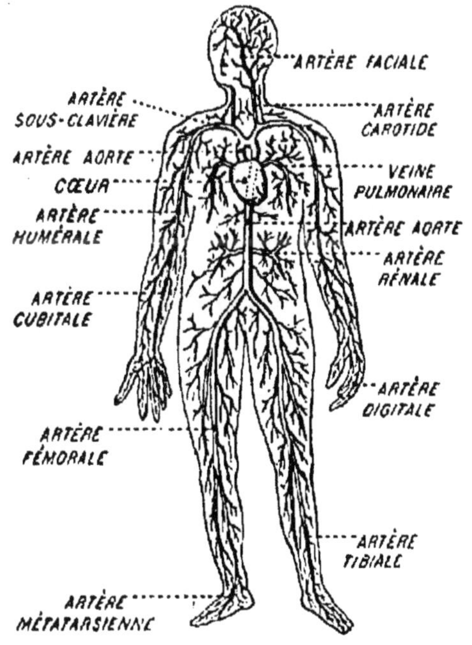


Fig. 115. Artères.

veines et les vaisseaux capillaires.

**Cœur.** — Le cœur est un *muscle creux,* une espèce de poche grosse comme le poing, située dans la poitrine un peu à gauche (*fig.* 114).

Il se contracte régulièrement environ une fois par seconde chez l'homme adulte en bonne santé, et lance le sang dans les artères. Aussitôt après, il se relâche et se remplit de sang amené par les veines.

Il joue en quelque sorte le rôle d'une petite pompe foulante chargée de refouler jusqu'aux extrémités du corps le sang qui lui revient constamment.

Les contractions ou *battements du cœur* impriment au sang contenu dans les artères de petites secousses, de petits chocs que l'on peut percevoir en plaçant le doigt sur les artères aux endroits où elles sont voisines de la peau, comme au poignet ou à la tempe. C'est le *pouls.*

**Artères** (*fig.* 115). — Les artères sont des canaux à parois rigides qui conduisent le sang du cœur dans les différentes parties du corps et aux poumons.

**Veines.** — Les *veines* sont des canaux à parois molles, tendant à se refermer. Elles ramènent au cœur le sang provenant des poumons et des diverses régions du corps.

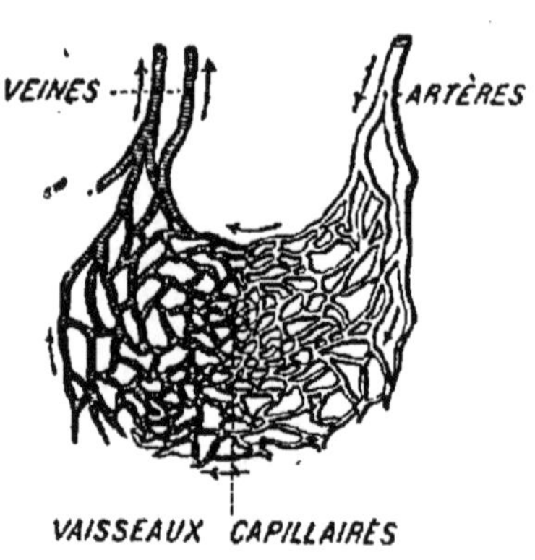

Fig. 116. Vaisseaux capillaires.

**Vaisseaux capillaires.** — Les artères et les veines se divisent de plus en plus et constituent des canaux de plus en plus fins à mesure qu'ils s'éloignent du cœur. Ces canaux, fins comme des cheveux et appelés pour cela *vaisseaux capillaires*, mettent en communication les artères et les veines (*fig.* 116).

Le sang circule donc dans un circuit fermé. Pour parcourir ce circuit, aller ainsi du cœur aux artères, des artères aux veines et des veines au cœur, il lui fat tout au plus une 1/2 minute.

## Résumé.

| | |
|---|---|
| 1. Que savez-vous du sang? | Le sang est un liquide jaunâtre contenant une multitude de petits *globules* rouges. <br> Il circule dans le *cœur*, les *artères*, les *veines* et les *vaisseaux capillaires*, qui le portent et le distribuent dans toutes les parties du corps. |
| 2. Qu'est-ce que le cœur ? | Le cœur est un muscle dont les battements entretiennent le sang en mouvement. |
| 3. Quel chemin suit le sang ? | Le sang part du cœur dans les *artères* et se rend aux poumons ou dans les différentes parties du corps. Il est ramené au cœur par les veines. Les artères communiquent avec les veines au moyen des *vaisseaux capillaires*. Notre corps contient environ de 5 à 6 litres de sang. |

**DEVOIRS.** — I. *Quels sont les principaux organes de la circulation ?*

II. *Expliquez comment le sang circule dans les diverses parties du corps. Qu'est-ce que le pouls : à quoi est-il dû ?*

## 30e LEÇON

## *La Respiration.*

**On ne peut vivre sans respirer.** — Appuyez votre main sur le côté de votre poitrine : vous constatez un mouvement régulier de gonflement et d'affaissement.

Dans l'intervalle d'une minute, la poitrine se soulève et s'affaisse environ 18 fois. Chaque fois qu'elle se soulève et se gonfle, l'air entre par le nez ou par la bouche ; chaque fois qu'elle se resserre ou s'affaisse, l'air s'échappe par les mêmes ouvertures.

Ces mouvements portent le nom de mouvements de respiration.

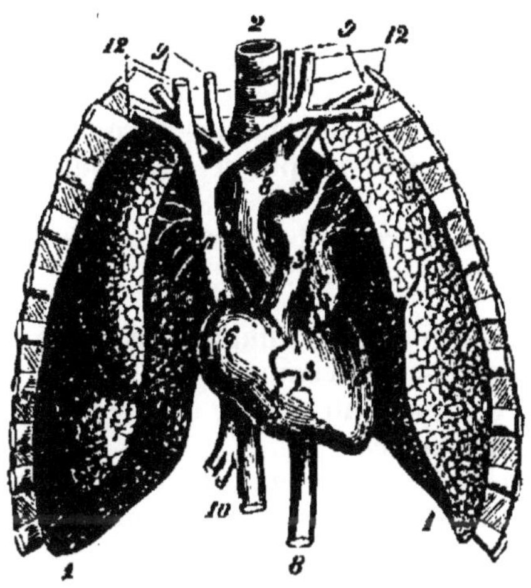

Fig. 117. Poumons, Cœur et vaisseaux principaux.

1, 1. Poumons ; 2. Trachée-artère ; 3. Cœur ; 4, 5. Ventricules ; 6, 7. Oreillettes ; 8. Aorte ; 9. Artères carotides ; 10. Veine cave inférieure ; 11. Veine cave supérieure ; 12. Veines jugulaires ; 13. Artère pulmonaire.

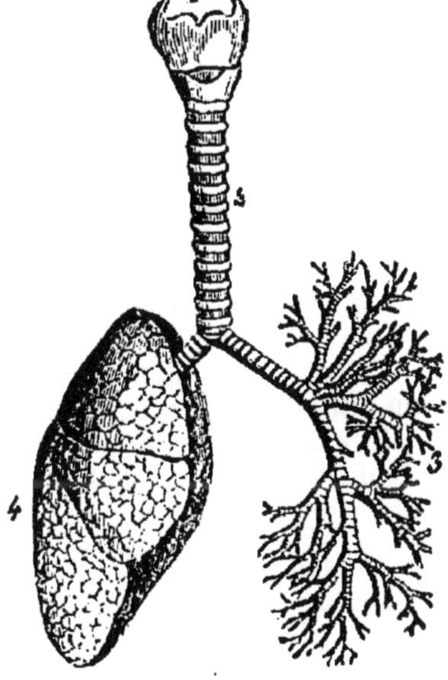

Fig. 118. Système respiratoire.

1. Larynx ; 2. Trachée-artère ; 3. Bronches à l'intérieur du poumon ; 4. Poumon.

La *respiration*, c'est-à-dire l'introduction de l'air dans notre corps, est une fonction des plus importantes de notre économie ; car l'air est indispensable à la vie (2e Leçon). Chaque individu absorbe environ 10 mètres cubes d'air par heure.

**Organes de la respiration.** — Mais cet air que nous absorbons, que nous respirons, où se rend-il ? Quel chemin suit-il ?

L'air entre par le nez ou par la bouche, — mais il est préférable de toujours respirer par le nez. — Il s'engage ensuite dans un gros tuyau que vous pouvez sentir ici en avant du cou et qu'on nomme *trachée-artère* (*fig.* 117 et 118).

La trachée se divise en deux rameaux appelés *grosses bronches* qui se dirigent l'une à droite, l'autre à gauche de la poitrine.

**Poumons.** — Ces bronches se divisent à leur tour en un très grand nombre de ramifications terminées par de tout petits sacs appelés vésicules ou alvéoles pulmonaires. Ces alvéoles se remplissent et se vident d'air à chaque mouvement respiratoire.

L'ensemble de ces alvéoles constitue le *poumon*.

Il y a donc un poumon droit et un poumon gauche.

**Rôle de la respiration.** — Sur les parois extrêmement minces des alvéoles pulmonaires rampent des vaisseaux capillaires contenant du sang envoyé par le cœur.

L'oxygène de l'air traverse les minces parois des alvéoles et passe dans le sang, qu'il purifie et rend propre à entretenir la vie.

Si nous cessions de respirer, si l'air cessait d'arriver dans les poumons, nous mourrions, nous serions asphyxiés.

**Maladies de poitrine.** — Lorsqu'on a chaud, quand le corps est en sueur, il faut éviter de se placer dans un courant d'air.

Le refroidissement brusque occasionne un *rhume*, une *bronchite* ou une affection plus grave, la *pneumonie*.

Dès qu'on se sent enrhumé, on doit se tenir chaud, prendre des tisanes chaudes. Si la toux est persistante, il faut sans tarder appeler le médecin.

**Phtisie pulmonaire.** — Le poumon est parfois envahi par un *microbe* qui le détruit lentement, et amène trop souvent la mort.

Les phtisiques peuvent guérir en évitant tout excès, en vivant au grand air et en prenant une nourriture saine et substantielle.

La *phtisie* est contagieuse : elle se propage surtout par les crachats, qui contiennent les microbes de cette redoutable maladie. On doit donc s'abstenir de cracher par terre : c'est malpropre et dangereux.

## *Résumé.*

| | |
|---|---|
| 1. Qu'est-ce que la respiration ? | La respiration consiste à introduire l'air pur dans nos poumons et à rejeter l'air impur qui s'est formé dans le sang. L'air est indispensable à la vie : il purifie le sang. |
| 2. Quels sont les organes de la respiration ? | Les poumons sont les organes essentiels de la respiration ; l'air y arrive en passant par le nez, la trachée-artère et les bronches. |
| 3. Parlez des principales maladies des organes respiratoires ? | Le refroidissement brusque du corps peut occasionner des maladies de poitrine : bronchites ou pneumonies. La plus redoutable des maladies de poitrine est la tuberculose ou phtisie pulmonaire. |
| | Elle se propage par les microbes contenus dans les crachats : évitez de cracher par terre. |

DEVOIRS. — I. *Qu'entendez-vous par respiration ? Décrivez les organes respiratoires. Parlez des maladies des voies respiratoires.*

II. *Si l'air cessait d'arriver dans nos poumons, nous mourrions. Expliquez pourquoi.*

## 31ᵉ LEÇON

# *Alimentation. — Logement. — Hygiène.*

**La santé est le plus précieux des biens.** — La santé est le bien le plus précieux qui soit donné à tout être vivant. L'homme qui se porte bien est gai et courageux. Il met volontiers sa force au service de sa famille et de la société. Nous devons veiller avec un soin jaloux à conserver notre santé et à donner à notre corps les soins qu'il réclame.

**Régime.** — Notre alimentation doit être suffisante et composée le plus possible d'aliments sains et bien préparés.

Le pain et les légumes cuits, les œufs, le lait sont d'excellents aliments. La viande cuite, en quantité modérée, est un aliment de force et complète bien notre régime.

Le lait provenant de vaches tuberculeuses (phtisiques) peut transmettre la phtisie. Il est prudent de ne consommer que du lait bouilli.

Le lait caillé (aigre) est un aliment très sain, très hygiénique.

Une alimentation insuffisante est débilitante et livre l'organisme à toutes sortes de maladies; mais un régime trop riche, trop abondant est tout aussi funeste. Il faut donc être sobre.

**Les boissons. L'alcoolisme.** — Un homme adulte perd journellement par la transpiration, les urines, etc., près de 3 litres d'eau. Les *boissons* sont indispensables pour compenser ces pertes. Mais là encore il faut éviter tout excès et éviter surtout de prendre de l'alcool et des liqueurs fortes, dont l'usage conduit à l'alcoolisme.

L'*alcoolisme* prédispose à la phtisie et enlève à l'homme la santé et la raison. C'est un fléau terrible; il peuple les hôpitaux et les maisons d'aliénés. Le quart des cas de folie est dû à l'alcoolisme (*fig.* 119).

Fig. 119. Un des funestes effets de l'alcoolisme.

L'ouvrier boit sa paye.                    La famille est sans feu ni pain.

L'eau pure est la meilleure des boissons; cependant la bière, le cidre et surtout le vin pris modérément sont des boissons toniques et hygiéniques.

Pris en excès, le vin, comme l'alcool, provoque l'ivresse. L'ivrognerie est le défaut avilissant des gens qui se mettent souvent en état d'ivresse. L'ivrognerie conduit à l'abrutissement, au déshonneur, au suicide et au crime.

**Logements.** — Fuyez le plus possible les logements exposés au nord et les rez-de-chaussée dont le parquet repose sur le sol. Recherchez au contraire les maisons bâties sur cave, exemptes d'humidité, bien aérées et bien ensoleillées. « *Là où le soleil entre, le médecin n'entre pas.* »

Nos poumons ont sans cesse besoin d'air pur. Celui qu'ils rejettent a perdu son oxygène et est impropre à la respiration; il contient même des poisons mortels. Nous devons donc aérer largement nos appartements, les salles de classe et les ateliers.

Partout où l'homme séjourne, il doit trouver en abondance de l'air pur.

**Exercices physiques.** — Les exercices corporels, la marche, le travail manuel en plein air mettent nos organes en mouvement, activent la respiration et sont utiles à la santé.

**Propreté, soins.** — La malpropreté engendre une foule de maladies et rend les êtres repoussants.

Il faut donc se laver les mains et le visage tous les matins et chaque fois qu'ils sont sales. Il est indispensable de prendre des bains fréquemment.

«Si tu veux conserver ta peau, nettoie-la», dit un hygiéniste.

## Résumé.

| | |
|---|---|
| 1. Que pensez-vous de la santé? | La santé est le bien le plus précieux. On doit la conserver. |
| 2. Peut-on la conserver? | On le peut en se nourrissant suffisamment, en habitant un logement aéré et sain, en tenant son corps proprement, en travaillant le plus possible au grand air et en évitant les excès de toute nature. |
| 3. Que peut-on manger? | Le pain, le lait, les œufs, les légumes cuits, la viande en quantité modérée, sont des aliments sains et doivent constituer tout régime bien ordonné. |
| 4. Que peut-on boire? | L'eau est la meilleure des boissons. Les boissons fermentées, le cidre, la bière et surtout le vin, sont toniques et hygiéniques, mais à la condition d'en user modérément et en mélange avec l'eau. |
| 5. Que savez-vous de l'alcool? | Il faut éviter de boire de l'alcool et des liqueurs fortes dont l'usage conduit à l'alcoolisme, le plus dégradant et le plus funeste des vices. |

DEVOIRS. — I. *Pourquoi doit-on chercher à conserver sa santé? Que ferez-vous pour cela?*

II. *Montrez que l'alcoolisme est un vice funeste et dégradant.*

# 3ᵉ PARTIE
## LES ANIMAUX

### 32ᵉ LEÇON
## *Les Vertébrés.*

**Nécessité d'une classification des animaux.** — Si vous aviez à compter une grosse somme en pièces différentes, comment procéderiez-vous ?

Vous feriez d'abord un triage, un classement : un premier lot recevrait les pièces d'or, un autre les pièces d'argent, un troisième les pièces de bronze.

Chaque lot serait à son tour l'objet d'un autre groupement : le lot d'or serait divisé en trois catégories, l'une pour les pièces de 5 francs, l'autre pour les pièces de 10 francs, un troisième pour les pièces de 20 francs.

Le lot d'argent serait lui-même divisé en quatre catégories, et celui de bronze en deux.

Si vous aviez procédé sans méthode, le compte de cette somme eût été long et difficile; après ce classement, l'opération est des plus simples.

Pour étudier plus facilement les animaux qui peuplent la terre et les mers, et dont le nombre est considérable, on procède aussi à un triage, à un classement : on groupe ensemble tous ceux qui présentent entre eux de grandes ressemblances.

**Vertébrés et invertébrés.** — Voici par exemple un *chien* (*fig.* 120) :

Fig. 120. Un chien.

si vous pressez son corps, vous sentez des parties dures. Ce sont les *os*; le chien a donc, comme nous, des os et par conséquent un squelette qui contient des *vertèbres*.

Une *limace* au contraire a le corps mou, dépourvu d'os, sans vertèbres (*fig.* 121).

Or voilà une différence, un caractère qui permet de faire

Fig. 121. Une limace.

un premier classement. Dans un groupe viennent se ranger tous les *animaux à os* ou *à vertèbres* : l'homme, le cheval, le bœuf, le chien, le moineau, la carpe. Ce sont les *vertébrés*.

Dans un autre groupe se placent les *animaux sans os et sans vertèbres :* la *mouche*, l'*escargot*, le *ver*. Ce sont les *invertébrés*.

**Vertébrés.** — C'est dans le groupe des vertébrés que l'on rencontre les plus forts, les plus parfaits des animaux, et aussi ceux qui nous rendent le plus de services.

Mais remarquez que parmi les animaux vertébrés il y a encore de grandes différences.

Un cheval est loin de ressembler à une poule ; la poule diffère beaucoup de la couleuvre ; celle-ci n'est pas semblable à la grenouille, et la grenouille n'est pas conformée comme une carpe.

**Les cinq classes de vertébrés.** — Aussi a-t-on pu partager le groupe des vertébrés en cinq classes :

Les *Mammifères*, porteurs de mamelles et dont la mère nourrit les petits de son lait. Ex. : le *singe*, la *vache* (*fig.* 122), le *cheval*, la *chauve-souris*, la *baleine* :

Fig. 122. Mammifère (Vache).

Fig. 123. Oiseau (Canard).

Les *Oiseaux*, qui ont des plumes et des ailes : le *canard* (*fig.* 123) ;

Les *Reptiles*, qui n'ont ni plumes, ni poils ; leur corps est couvert d'écailles ou de plaques dures : les *serpents* (*fig.* 124), les *tortues* ;

Les *Batraciens*, qui vivent sur terre et dans l'eau : la *grenouille* (*fig.* 125) ;

Les *Poissons*, qui vivent dans l'eau : le *brochet*, la *carpe* (*fig.* 126)

Fig. 125.
Batracien (Grenouille).

Fig. 124. Reptile (Vipère).

Fig. 126.
Poisson (Carpe).

**Invertébrés.** — Sous ce nom, on désigne tous les animaux n'ayant pas d'os. Nous les retrouverons plus loin.

## Résumé.

| | |
|---|---|
| 1. Comment classe-t-on les animaux ? | Les divers animaux du globe sont divisés en deux groupes : <br> Les *vertébrés*, qui ont des os, et les *invertébrés*, qui n'en ont pas. |
| 2. Et comment divise-t-on les vertébrés ? | Dans le groupe des vertébrés, on distingue cinq classes : <br> Les *Mammifères*, qui ont des mamelles. Ex. : la vache ; <br> Les *Oiseaux*, qui ont des plumes. Ex. : le coq ; <br> Les *Reptiles*, dont le corps est couvert d'écailles ou de plaques dures. Ex. : les serpents, la tortue ; <br> Les *Batraciens*, qui vivent sur terre et dans l'eau. Ex. : la grenouille ; <br> Les *Poissons*, qui vivent dans l'eau. Ex. : la carpe. |

DEVOIRS. — I. *Quelle différence faites-vous entre les animaux vertébrés et les animaux invertébrés? Donnez des exemples.*

II. *Indiquez les cinq classes de vertébrés.*

---

## 33ᵉ LEÇON

## *Les Mammifères.*

Fig. 127. Quadrumane (Singes).
(Orang-outang.)

**Les mammifères. Classification.** — Examinons de plus près les mammifères ; ils méritent qu'on s'intéresse à eux.

Les mammifères sont des animaux qui ont des mamelles. *Ils allaitent leurs petits*, ils ont *quatre pieds* (quadrupèdes) et ont le corps couvert de poils.

Parmi eux, nous comptons des serviteurs précieux, des auxiliaires fidèles et aussi des ennemis dangereux.

**Quadrumanes.** — Voici d'abord les *singes* (*fig.* 127), dont la conformation se rapproche le plus de celle de l'homme.

Leurs quatre pieds leur servent de mains; d'où le nom de *quadrumanes*. Les singes habitent les pays chauds; ils vivent ordinairement de fruits ou de racines qu'ils volent : ce sont des pillards, non des amis.

**Carnivores.** — Tout autre est le *chien* (*fig.* 128), qui est pour nous un domestique intelligent et fidèle. On a dressé les chiens à divers travaux : les uns gardent la maison, les autres les troupeaux, d'autres chassent le gibier.

Ce sont des amis sûrs, des compagnons dévoués.

Et cependant le chien est un *carnivore*. Examinez sa mâchoire : elle est puissamment armée de dents fortes, pointues ou tranchantes, faites pour broyer les os, déchirer et manger la chair. Mais ce carnivore a été domestiqué par l'homme et a perdu ses instincts méchants et sauvages.

En revanche, le *lion* (*fig.* 129), le *tigre*, la *panthère*, le *chat*, le *loup*, le *renard* ont conservé leurs instincts de mangeurs de chair et sont pour la plupart des animaux redoutables, des carnivores dangereux.

Fig. 128. Carnivore (Chien).

Fig. 129. Carnivore (Lion).

**Insectivores.** — Le soir, à la tombée de la nuit, vous voyez voler la *chauve-souris*. Vous pourriez croire que c'est un oiseau: détrompez-vous, c'est un mammifère. Ses ailes sont membraneuses et non emplumées; de plus, elle a des mamelles et allaite ses petits.

La *chauve-souris*, le *hérisson* (*fig.* 130) que vous connaissez bien, se nourrissent d'insectes : ce sont des *insectivores*, des animaux utiles à l'agriculteur: n'y touchez pas.

Fig. 130. Insectivore (Hérisson).

**Rongeurs.** — Avez-vous examiné attentivement un *lapin?* Sa mâchoire est presque toujours en mouvement : ses dents incisives repoussent sans cesse, comme vos ongles. Il faut qu'il les use, sinon elles finiraient par le gêner. Et pour les user, il ronge : c'est un *rongeur.* Le *lièvre,* l'écureuil (*fig.* 131), les *rats* et les *souris* sont aussi des rongeurs.

Fig. 131. Rongeur (Écureuil).

**Herbivores.** — Enfin j'ai à vous signaler un groupe important de mammifères dont les dents incisives sont disposées en ciseaux propres à tondre l'herbe : ce sont les *herbivores.*

Le *rhinocéros,* l'éléphant, l'hippopotame, le *cheval* (*fig.* 132), le *bœuf,* le *mouton,* le *porc* même sont des herbivores.

Je vous parlerai en détail de certains d'entre eux qui nous sont particulièrement utiles.

Fig. 132. Herbivore (Cheval).

### Résumé.

| | |
|---|---|
| 1. Qu'est-ce que les mammifères? | Les *Mammifères* sont des animaux ayant des mamelles, ils allaitent leurs petits; ils ont quatre pieds; leur corps est couvert de poils. |
| 2. Comment classe-t-on les mammifères? | Les principaux mammifères forment les groupes suivants : |

Les *Quadrumanes,* dont les pieds leur servent de mains. Ex. : le singe;

Les *Carnivores,* qui se nourrissent de chair. Ex. : le loup;

Les *Insectivores,* qui se nourrissent d'insectes. Ex. : le hérisson;

Les *Rongeurs,* tels que le lapin, le lièvre, le rat;

Les *Herbivores,* qui se nourrissent d'herbe. Ex. : la vache.

DEVOIRS. — I. *Quels sont les caractères qui vous permettent de reconnaître un mammifère? La chauve-souris n'est pas un oiseau; pourquoi?*

II. — *Quelle différence faites-vous entre un carnivore et un insectivore? Entre un rongeur et un herbivore? Prenez des exemples d'animaux appartenant à ces groupes.*

6.

# 34ᵉ LEÇON

## *Les Animaux domestiques.*

**Rôle des animaux domestiques.** — L'homme a dompté et soumis à son service des animaux dont il tire grand profit.

Les uns, tels que le cheval, l'âne et le mulet, travaillent pour lui; les autres, comme le mouton et le porc, lui fournissent de la viande; d'autres, tels que le bœuf et la vache, lui donnent de la viande et du lait.

Ces animaux, jadis sauvages, sont devenus de précieux animaux domestiques.

### LE CHEVAL.

**Le Cheval.** — Le *cheval* est un animal intelligent, susceptible de s'attacher à son maître. Il est vigoureux, résistant et se prête à des travaux pénibles et variés.

**Races de chevaux.** — Tous les chevaux n'ont pas la même conformation.

Les chevaux de *gros trait*, destinés à traîner les grosses charges, sont trapus et ont des muscles gros, courts et puissants.

Les chevaux de *trait léger*, qui traînent, en courant au trot, de lourdes voitures, sont grands et joignent l'agilité à la force.

Les *chevaux de selle*, destinés à porter des cavaliers, sont élancés, rustiques et agiles.

Fig. 133. Cheval arabe.

Fig. 134. Cheval percheron
(race de trait léger).

Il existe de nombreuses races de chevaux. Les principales sont :

La *race arabe* (*fig.* 133), qui donne d'excellents chevaux de selle ;

La *race percheronne* (*fig.* 134), dont les représentants sont d'incomparables chevaux de trait léger ;

La *race boulonnaise* (*fig.* 135), qui fournit les meilleurs chevaux de gros trait :

Et enfin la *race anglo-normande* (*fig.* 136), qui donne de bons chevaux de selle ou de superbes carrossiers.

Fig. 135. Cheval boulonnais
(race de gros trait lent).

Fig. 136. Cheval anglo-normand.

**Qualités d'un bon cheval.** — Un cheval doit toujours avoir une certaine élégance ; mais on doit chercher avant tout les qualités qui le rendent propre aux services qu'on lui demande. Un bon cheval doit être doux et docile, être exempt de vices, avoir de la vigueur, de la force et de l'endurance, avoir de bons yeux et surtout de bonnes jambes et de bons pieds. *Un beau cheval qui a de mauvais pieds est un meuble inutile.*

**Alimentation.** — Le cheval est un animal herbivore ; son régime est purement végétal. On le nourrit soit à l'herbage, soit à l'écurie. L'herbe, le foin, la paille, les graines d'orge, de féveroles, de maïs constituent la base de son alimentation. L'avoine est indispensable aux poulains et aux chevaux auxquels on demande un travail pénible.

**Logement et hygiène.** — Le cheval doit être logé dans une écurie proprement tenue, bien aérée, sans courants d'air.

Il faut le nettoyer et le panser chaque jour en se servant de l'étrille, d'un bouchon de paille et d'une éponge.

### L'Âne. — Le Mulet.

Fig. 137. L'âne.

**L'âne.** — L'âne (*fig.* 137) rend de grands services ; il est sobre, résistant. C'est le cheval du pauvre. Trop souvent on le brutalise, on le nourrit mal, on lui refuse tout soin de propreté : c'est un tort ; c'est de l'injustice.

**Le mulet.** — Le *mulet* joint à la force du cheval la sobriété de l'âne. C'est une excellente bête de selle et de trait.

### Résumé.

| | |
|---|---|
| 1. Qu'est-ce que les animaux domestiques ? | On nomme *animaux domestiques* ceux que l'homme a pliés à son service. Ex. : le cheval, le bœuf, le chien. |
| 2. Que savez-vous du cheval ? | Le *cheval* est un animal très utile. Il porte des cavaliers ou traîne des fardeaux. |
| 3. Quelles sont les principales races de chevaux ? | Les principales races de chevaux sont : la race arabe, la race percheronne, la race boulonnaise et la race anglo-normande. |
| 4. Quelles qualités doit avoir un cheval ? | Un cheval doit être docile, exempt de vices ; il doit avoir de bons yeux et surtout de bonnes jambes et de bons pieds. |
| 5. Que savez-vous de l'âne ? du mulet ? | L'*âne* rend de grands services. Il est sobre et rustique, et mérite d'être bien traité. Il en est de même du *mulet*. |

DEVOIRS. — I. *Énumérez les différents services que nous rend le cheval. Comment le nourrit-on ? Parlez des soins à lui donner.*

II. *Comment doit-on traiter l'âne et le mulet ? Pourquoi ?*

## ———— 35ᵉ LEÇON ————

## Les Bêtes bovines : le Bœuf et la Vache.

**Services.** — Voilà encore d'excellents serviteurs.

Le *bœuf* est fort et robuste ; il traîne nos lourds fardeaux, tire la charrue, la herse et le rouleau.

La *vache* est également utilisée dans les travaux de la ferme. Tous les deux nous fournissent leur *chair*, dont nous nous nourrissons, et leur peau, dont nous faisons le *cuir*.

Fig. 138. Race normande.

Fig. 139. Race limousine.

Fig. 140. Race de Salers.

La vache nous donne encore son *lait*, dont nous retirons le *beurre* et le *fromage*.

**Races.** — Les bêtes bovines ne se ressemblent pas toutes exactement. Leur pelage, leur taille et leur conformation varient suivant les races auxquelles elles appartiennent.

Il existe en France un grand nombre d'excellentes races de bêtes bovines; citons : la *race normande*, la *race limousine*, la *race vendéenne*, la *race de Salers*, la *race charolaise*, la *race bretonne*, etc.

La *vache normande* (*fig.* 138) est de grande taille; son pelage est jaune ou roux, marqué de blanc et rayé de noir. C'est une excellente bête de boucherie et de laiterie.

Le *bœuf limousin* (*fig.* 139) a un pelage froment; il est robuste, très bon travailleur et le meilleur de tous pour la boucherie. — Les *bêtes bovines charolaises* sont blanches; celles de *Salers (fig. 140)* sont rouges acajou.

La *race bretonne (fig. 141)* est de petite taille; son pelage est ordinairement blanc et noir.

Fig. 141. Race bretonne.

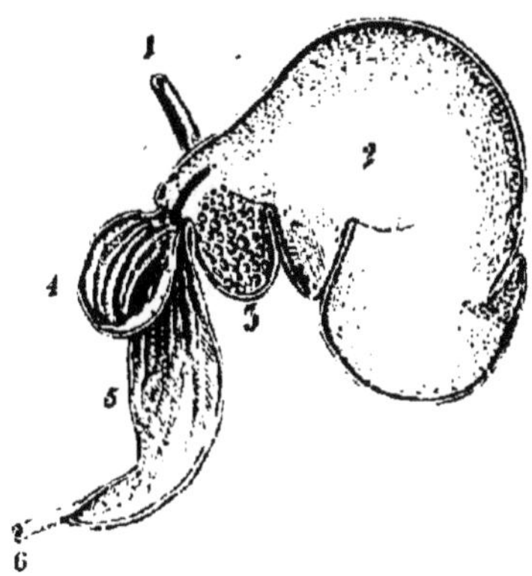

Fig. 142. Estomac d'un ruminant.

1. Œsophage; 2. Panse; 3. Bonnet; 4. Demi-canal; 5. Feuillet; 6. Caillette; 7. Intestin grêle.

**Alimentation.** — Les bêtes bovines *ruminent*, c'est-à-dire mâchent deux fois leurs aliments.

Leur *estomac (fig. 142)*, comme celui de tous les *ruminants* (bœuf, mouton, chèvre, etc.), est formé de quatre poches, dont l'une, la *panse*, beaucoup plus grande que les trois autres, reçoit d'abord les aliments.

A la fin du repas, lorsque les animaux sont au repos, ces aliments remontent dans la bouche, où ils sont mastiqués et réduits en bouillie. Avalés de nouveau, il évitent la panse et arrivent directement dans les autres poches, qu'ils traversent avant de passer dans l'intestin.

Les bêtes bovines, ayant un grand estomac, se nourrissent d'aliments volumineux, tels que l'herbe, le foin, la paille, les betteraves, les navets, etc., auxquels on ajoute avantageusement des aliments plus riches : farine, son, tourteaux.

Ces animaux doivent avoir de l'eau propre à discrétion, et il est recommandé de suspendre à leur portée de petits blocs de sel gemme, qu'ils lèchent lorsqu'ils en éprouvent le besoin.

**Logement et hygiène.** — Les étables dans lesquelles sont logées les bêtes bovines doivent être spacieuses, suffisamment aérées, proprement tenues et de temps en temps blanchies au lait de chaux.

Chaque matin, tous les animaux doivent être brossés et débarrassés des poussières ou autres malpropretés qui les souillent. Pour tous les animaux, la propreté c'est la santé.

## *Résumé.*

| | |
|---|---|
| **1.** Quels services nous rendent les bêtes bovines ? | Le *bœuf* et la *vache* sont employés aux travaux des champs. Nous mangeons leur chair et utilisons leur peau sous forme de cuir; la vache nous fournit son lait. |
| **2.** Connaissez-vous plusieurs races bovines ? | Nos principales races bovines sont : la race limousine, la race normande, la race charolaise et la race bretonne. |
| **3.** Quels soins doit-on donner aux bêtes bovines ? | Les bêtes bovines doivent être tenues proprement, bien nourries et convenablement logées. Leur estomac est très grand et formé de quatre poches, comme celui de tous les ruminants. |

**DEVOIRS.** — I. *Qu'est-ce qu'un ruminant? Citez des ruminants. Comment est constitué l'estomac des ruminants? Comment se fait la rumination?*

II. *Dites ce que vous savez de l'alimentation, de l'abreuvement, du logement et des soins que réclament les bêtes bovines. Doit-on les maltraiter? Pourquoi?*

## ——— 36ᵉ LEÇON ———

## *Le Lait. — Beurre et Fromage.*

**Le lait.** — Le *lait* est un liquide blanchâtre, plus lourd que l'eau.
Il est produit par les femelles des mammifères, telles que la vache, la brebis, la jument, l'ânesse. C'est le premier aliment de l'enfant et des autres petits mammifères.

Dans nos pays, le lait de vache joue un rôle considérable dans l'alimentation humaine. On le consomme en nature ou sous forme de beurre ou de fromage.

**La vache laitière.** — La vache laitière (*fig.* 143) doit être en bonne santé, tenue très proprement, nourrie au pâturage ou

Fig. 143. Conformation d'une bonne vache laitière.

avec des aliments sains, abreuvée avec de l'eau pure. Malgré ces précautions, le lait peut contenir des germes dangereux et notamment le germe de la *tuberculose*. Aussi est-il prudent de faire bouillir le lait avant de le consommer (31e Leçon).

Le lait caillé (aigre) est un aliment très sain.

Fig. 114. Écrémeuse centrifuge.

**Beurre.** — Le *beurre* n'est autre chose que la matière grasse du lait. Cette matière grasse se trouve dans la crème qui monte à la surface du lait abandonné au repos. Mais on peut retirer rapidement la crème du lait en se servant d'une écrémeuse centrifuge (*fig.* 144).

Pour obtenir le beurre, on place la *crème* dans une baratte (*fig.* 145), qui l'agite et la fouette pendant environ une demi-heure. Au bout de ce temps, on trouve dans la baratte du *lait de beurre* qu'on élimine et du beurre qu'on lave avec de l'eau claire.

Fig. 145. Baratte normande.

Le beurre est un très bon aliment; pour le conserver, on y ajoute une petite quantité de sel.

**Fromage.** — Le lait abandonné à l'air se prend, au bout de quelques jours, en une masse compacte appelé *caillé*. Le caillé se forme plus rapidement lorsqu'on ajoute au lait de la *présure*.

Le *fromage* est du lait caillé qu'on laisse égoutter pour éliminer le petit-lait.

On fait des *fromages frais* tels que le fromage *crème*, des *fromages à pâte molle* tels que le *Camembert* et le *Brie*, des *fromages à pâte pressée* tels que le *Hollande*, le *Roquefort*, et des *fromages à pâte cuite* tel que le *Gruyère*.

**Les résidus.** — La fabrication du beurre laisse du lait de beurre ou *babeurre* et du *lait écrémé* utilisés dans l'alimentation des veaux et des porcs ; la fabrication du fromage donne du *petit-lait*, que l'on donne aux porcs.

### Résumé.

| | |
|---|---|
| 1. Que savez-vous du lait ? | Le *lait* est un liquide blanchâtre, plus lourd que l'eau. Il est produit par les femelles des mammifères. |
| 2. Consomme-t-on le lait ? | Le lait est un aliment de premier ordre. Mais il est prudent de le faire bouillir pour tuer les germes des maladies qu'il peut contenir. |
| 3. Parlez du beurre. | Le *beurre* est la matière grasse du lait. On l'obtient en écrémant le lait et en battant la crème dans une baratte. |
| 4. Qu'est-ce que le fromage ? | Le *fromage* est du lait caillé qu'on laisse s'égoutter pour éliminer le petit-lait. Le beurre et le fromage sont d'excellents aliments. |

**DEVOIRS.** — I. *Qu'est-ce que fournit la vache ? Que fait-on du lait ? Comment fabrique-t-on le beurre ?*

II. *Que savez-vous de la vache laitière ? Quels soins réclame-t-elle ? Connaissez-vous diverses sortes de fromages ? Comment les fabrique-t-on ?*

----

# 37ᵉ LEÇON.

----

# Le Mouton, la Chèvre, le Porc.

## LE MOUTON, LA CHÈVRE.

**Mouton.** — Les *bêtes ovines*, c'est-à-dire les *moutons* et les *brebis*, sont ordinairement élevés en troupeaux. Ils nous donnent de la *viande* et de la *laine*. La brebis et la chèvre nous donnent aussi du *lait*.

Ces animaux sont très doux et nous sont très utiles.

**Races de moutons.** — Les principales races ovines sont : la race *mérinos* (*fig.* 146), la race *berrichonne* (*fig.* 147), la race *poitevine*, la race artésienne, la race *Southdown* (*fig.* 148), et la race du *Larzac* (*fig.* 149), qui est bonne laitière et dont le lait sert à fabriquer le fromage de Roquefort.

Fig. 146. Race mérinos.

Fig. 147. Race berrichonne.

Fig. 148. Race Southdown.

Fig. 149. Race du Larzac.

**Alimentation des moutons.** — Pendant la belle saison, les moutons vivent au dehors dans les herbages, les bruyères, les landes et sur les chaumes.

Les pâturages qui leur sont destinés doivent être sains, car ces animaux redoutent l'humidité, qui les rend *cachectiques*.

En hiver, on nourrit les moutons à l'étable avec du foin, des menues pailles et des racines hachées, saupoudrées de son ou de tourteau.

Dans les bergeries, on doit toujours tenir de l'eau propre et des blocs de sel gemme à la disposition des animaux.

**Hygiène des moutons.** — Les *bergeries* doivent être bien aérées et pourvues de crèches (auges) et de râteliers, où l'on met les aliments.

Fig. 150. Chèvre.

**Chèvre.** — La *chèvre* (*fig.* 150)

est la vache du pauvre. Elle vit de peu et donne d'excellent lait : on la trouve dans les pays pauvres et surtout dans les régions montagneuses.

## LE PORC.

**Porc.** — Le *porc* se rencontre dans presque toutes les exploitations. C'est un animal précieux ; il utilise une foule de résidus et de débris : eaux grasses, petit-lait, restes de ménage, etc. Il se développe très rapidement et donne une chair excellente.

**Races de porcs.** — Parmi les races de porcs on distingue : la race *craonnaise* (*fig.* 151), la race *limousine* (*fig.* 152), la race *Yorkshire* (*fig.* 153).

Fig. 151. Race craonnaise.

Fig. 152. Race limousine.

**Alimentation des porcs.** — Les jeunes porcs sont nourris avec du lait écrémé, du petit-lait et de la farine.

Fig. 153. Race Yorkshire.

La ration des porcs à l'engrais se compose ordinairement de pommes de terre, de débris de légumes, de son, de tourteaux cuits et fermentés délayés dans des eaux grasses.

**Hygiène des porcs.** — Le porc vaut mieux que sa réputation : il a besoin de propreté. Il faut le loger proprement et, de plus, il faut mettre à la disposition des jeunes porcs de l'eau propre, afin qu'ils puissent se baigner quand la chaleur les incommode.

Pour conserver la viande de porc, on la fume ou on la sale.

Cette viande contient parfois les germes de deux vers parasites qui peuvent se communiquer à l'homme, la *trichine* et le *ver solitaire*. On ne doit donc la consommer que parfaitement cuite.

## *Résumé.*

| | |
|---|---|
| 1. Que savez-vous des moutons ? | Le *mouton* nous fournit de la laine et de la viande. La brebis nous donne aussi du lait. |

| | |
|---|---|
| 2. Citez les principales races de moutons. | Les principales races de moutons sont : la race mérinos, la race berrichonne, la race artésienne et la race du Larzac. |
| 3. Parlez de la nourriture et du logement des moutons. | Les moutons sont nourris au pâturage pendant le beau temps et à l'étable en hiver. La bergerie doit être saine, propre, bien aérée. |
| 4. Que savez-vous de la chèvre? | La *chèvre* est rustique, sobre, et donne d'excellent lait. |
| 5. Dites ce que vous savez du porc. | Le *porc* est d'un grand profit : il est facile à nourrir et croît très rapidement. Il faut le loger proprement. Sa viande doit être mangée bien cuite, car elle peut contenir les germes de la trichine et du ver solitaire. |

DEVOIRS. — I. *Quels services nous rendent les moutons et les brebis? Quels soins devons-nous leur donner? Quelles sont les principales races de moutons?*

II. *Quels services nous rend le porc? Comment doit-on le nourrir? Comment doit-on le loger? Peut-on conserver la viande du porc? Comment?*

---

## 38e LEÇON

## Les Oiseaux.

**Les Oiseaux.** — Quels superbes, quels charmants animaux! Vous en connaissez au moins quelques-uns : le *coq*, ce clairon de la basse-cour, le *rossignol*, ce parfait musicien de nos bois, la *pie* bavarde, le *merle* siffleur, l'*hirondelle* amie vous sont familiers.

Mais combien ils diffèrent des animaux que nous avons étudiés!

Comparons, par exemple, la chienne et la poule.

La chienne a quatre pattes, son corps est couvert de poils, elle porte des mamelles et allaite ses petits : c'est un mammifère.

**Caractères distinctifs des oiseaux.** — La poule a *deux pattes*, son corps est couvert de *plumes*, elle vole, elle n'a pas de mamelles, mais elle pond des *œufs* dans lesquels naissent ses petits : ce n'est donc pas un mammifère, c'est un *oiseau*.

L'oiseau est donc un vertébré bipède, couvert de plumes, capable de voler et de pondre des œufs.

Les oiseaux ont un *bec*, mais n'ont pas de dents.

En revanche, ils ont un estomac solide appelé *gésier*, qui se contracte fortement et se charge de triturer les aliments.

**Diverses sortes d'oiseaux.** — Chez les oiseaux on distingue plusieurs groupes : les **Rapaces** : *aigle (fig. 154), vautour, épervier, mi-*

Fig. 155. Grimpeur (Perroquet).

Fig. 154. Rapace (Aigle).

Fig. 156. Passereau
(Mésange).

Fig. 157. Gallinacé
(Pintade).

*lan, buse;* — les **Grimpeurs** : *perroquet (fig. 155), pic;* — les **Passereaux** : *merle, grive, pinson, mésange (fig. 156), hirondelle...;* — les **Gallinacés** : *coq, poule, pintade (fig. 157);* — les **Échassiers** : *grue, héron (fig. 158);* — les **Palmipèdes** : *oie, cygne (fig. 159).*

**Nids.** — Chaque année au printemps les oiseaux construisent leurs

Fig. 158. Échassier
(Héron).

Fig. 159. Palmipède
(Cygne).

nids. Tous les nids des petits oiseaux sont des chefs-d'œuvre (*fig.* 160). Que d'efforts, de patience, d'habileté pour arriver à bâtir ces charmantes et délicates demeures !

Fig. 160. Le nid du pinson.

Fig. 161. Poussin.

**Les œufs, la couvée.** — C'est dans ces nids que la femelle dépose ses œufs et les *couve*, c'est-à-dire les réchauffe en les couvrant de son corps.

Chaque œuf porte un germe placé dans le jaune, entouré lui-même du blanc; le tout est enveloppé dans une coquille dure. Sous l'influence de la chaleur, le germe se développe, un petit oiseau se forme, absorbe l'œuf, grandit et *éclôt* en brisant sa coquille (*fig.* 161).

**Utilité des oiseaux.** — Les oiseaux embellissent la nature et l'égayent de leurs chants. Bien mieux, ils nous rendent de grands services en *détruisant les insectes* qui s'attaquent à nos récoltes.

Gardez-vous de dénicher les petits oiseaux : ce serait cruel, car ces êtres souffrent du mal qu'on leur fait; ce serait stupide, puisque vous feriez la guerre à nos auxiliaires les plus précieux.

## *Résumé.*

| | |
|---|---|
| 1. A quels caractères reconnaît-on les oiseaux? | Les *Oiseaux* ont deux pattes, un bec, des plumes et pondent des œufs. |
| 2. Quels groupes forment-ils? | On les divise en plusieurs groupes: les *Rapaces*, les *Grimpeurs*, les *Passereaux*, les *Gallinacés*, les *Echassiers* et les *Palmipèdes*. |
| 3. Comment se reproduisent les oiseaux? | Les oiseaux construisent des nids, dans lesquels ils déposent leurs œufs et les couvent. Il en sort des petits oiseaux qui grandissent vite. Ils sont bientôt semblables à leurs parents. |
| 4. Quels services nous rendent les oiseaux? | La plupart des oiseaux font la chasse aux insectes et nous rendent de grands services. Ce sont de bons amis; protégeons-les. |

DEVOIRS. — I. *Montrez en quoi et comment les oiseaux diffèrent des mammifères. Comment naissent les petits oiseaux?*

II. *Pourquoi ne doit-on pas détruire les petits oiseaux, ni toucher à leurs couvées?*

## 39e LEÇON

## *Oiseaux de basse-cour.*

**Oiseaux de basse-cour.** — Un certain nombre d'oiseaux peuplent nos basses-cours : tels sont les *poules*, les *canards*, le *dindon*, l'*oie* et le *pigeon*.

**La basse-cour.** — L'élevage de ces oiseaux, dirigé par une fermière intelligente et soigneuse, permet de faire face aux menues dépenses du ménage, fournit de la *chair* et des *œufs* pour l'alimentation des gens de la ferme, et laisse encore des bénéfices.

On a grand tort de négliger parfois la basse-cour : en *agriculture, il n'y a pas de petits profits.*

### POULES.

**Races de Poules.** — Les principales races de poules sont : la race *commune* ou poule de ferme, la race de *Bresse* (*fig.* 162), la race de

Fig. 162. Race de la Bresse.

*Barbezieux* (*fig.* 163), la race de *Houdan* (*fig.* 164), la race de la *Flèche* (*fig.* 165), la race de *Crèvecœur.*

En général, il est préférable de s'en tenir à la race du pays, en l'améliorant par le choix des plus beaux sujets et en ne faisant couver que les œufs des meilleures pondeuses.

Fig. 163. Race de Barbezieux.

Fig. 164. Race de Houdan.

**Œufs.** — La poule pond de huit mois à quatre ans. Mais passé trois ans, on n'a pas avantage à la garder, car le nombre des œufs qu'elle donne diminue rapidement.

Une bonne pondeuse donne en moyenne 125 à 130 œufs par an.

Fig. 165. Race de la Flèche.

**Poussins.** — Pour obtenir des petits poussins, on fait couver des œufs à une poule, ou on les place dans une couveuse artificielle.

Les poussins éclosent au bout de 21 jours.

**Soins et nourriture des poussins.** — Les petits poussins sont délicats. On évite de les exposer à la pluie et on les nourrit au début avec une pâtée d'œufs cuits et de mie de pain trempée dans du lait.

Au bout d'une huitaine de jours, on supprime graduellement le lait et les œufs cuits, et on ajoute de la farine d'orge, des pommes de terre cuites, le tout en pâtée avec de l'eau. Plus tard, on supprime la farine d'orge et la mie de pain, et l'on donne de menues graines.

Les poussins doivent avoir constamment de l'eau propre et de menues graines à leur disposition.

**Engraissement.** — Les poulets peuvent être engraissés à l'âge de cinq à six mois, et les poules pondeuses vers quatre ans.

L'engraissement se fait rapidement en plaçant les volailles dans une cage étroite appelée *épinette* (*fig.* 166) et en leur servant à discrétion des graines et des pâtées de farine d'orge ou de sarrasin et de pommes de terre cuites humectées de lait.

**Poulailler** (*fig.* 167). — Les poules doivent être logées dans un poulailler exposé à l'est ou au sud, et bien aéré, tenu très proprement et garni à l'intérieur de perchoirs et de pondoirs.

Ce poulailler devrait être blanchi au lait de chaux au moins deux fois par an.

Fig. 166. Épinette.

Fig. 167. Le poulailler.

7.

## *Résumé.*

<table>
<tr><td>

1. Quels sont les principaux oi- seaux de basse- cour ?

</td><td>

Les principaux oiseaux de basse-cour sont : la *poule*, le *canard*, l'*oie* et le *dindon*.

</td></tr>
<tr><td>

2. Quels services nous rend la poule ?

</td><td>

La *poule* nous fournit ses œufs et sa chair ; une bonne poule pond cent vingt-cinq œufs par an.

</td></tr>
<tr><td>

3. Citez de bonnes races de poules.

</td><td>

Parmi les meilleures races de poules il faut citer : la race de la Bresse, la race de Houdan, la race de La Flèche, la race de Crèvecœur.

</td></tr>
<tr><td>

4. Comment ob- tient-on les poussins ?

</td><td>

Pour obtenir des poussins, on fait couver des œufs. La durée de l'incubation est de vingt et un jours.

</td></tr>
<tr><td>

5. Parlez du loge- ment des poules.

</td><td>

Les poules sont logées dans le poulailler, où se trouvent des perchoirs et des pondoirs. Le poulailler doit être tenu très proprement.

</td></tr>
</table>

**DEVOIRS.** — I. *Quels produits peut-on obtenir d'une basse-cour? Montrez l'intérêt qu'il y a à bien la diriger. A quel âge la poule commence-t-elle à pondre? Quel inconvénient y a-t-il à garder des poules pondeuses de de plus de trois ans?*

II. *Comment une bonne ménagère obtient-elle et élève-t-elle des poulets?*

III. *Comment nourrit-elle et loge-t-elle ses poules pondeuses?*

IV. *Comment pratique-t-elle l'engraissement de ses poules?*

## —— 40ᵉ LEÇON ——

## *Oiseaux de basse-cour (suite).*

### L'OIE, LE CANARD, LE DINDON.

**Oies et canards.** — L'*oie* et le *canard* n'ont point les mêmes ins- tincts, les mêmes besoins que la poule. Celle-ci redoute l'humidité ; l'oie et le canard, au contraire, ne se plaisent que sur l'eau.

Ces *palmipèdes* (pieds palmés) sont d'intrépides nageurs ; leurs pieds palmés leur servent de rames.

**Oies.** — L'*oie* (*fig.* 168) est un gros oiseau à démarche lourde. Elle nous fournit sa chair, sa graisse, ses plumes et son duvet. Le foie de l'oie bien grasse sert à faire d'excellents pâtés.

**Élevage des oies.** — L'oie pond de 15 à 20 œufs, qu'elle couve pendant un mois. Les jeunes *oisons* sont nourris avec des pâtées d'œuf et de farine auxquelles on ajoute des feuilles de choux et des orties hachées menu, du millet et du chènevis.

Dès qu'elles ont un mois, les oies vont paître dans les champs.

Vers l'âge de six mois, on les enferme et on les engraisse en les nourrissant à l'excès et en leur introduisant même de force dans l'estomac des pâtons de farine de sarrasin, de maïs ou d'orge.

Fig. 168. Oie.

**Le canard.** — Le *canard* (*fig.* 169) est plus petit que l'oie; il est très vorace.

**Races de canards.** — Les principales races de canard sont : le *canard de Rouen*, le *canard musqué* et le *canard chinois*.

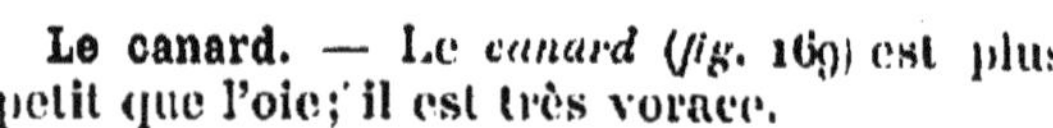

**Élevage.** — L'élevage des canards est facile et d'un grand profit. Le tout est de disposer d'une rivière ou d'une pièce d'eau où ces oiseaux se baignent et trouvent une partie de leur nourriture.

Les canards peuvent être engraissés dès l'âge de trois mois ; on leur donne alors en abondance des grains cuits ou des bouillies de pommes de terre, de son et de farine.

Fig. 169. Canard.

**Dindon.** — Dans son jeune âge, le *dindon* (*fig.* 170) est délicat et exige beaucoup de soins. Entre le deuxième et le troisième mois, une partie de sa tête et de son cou devient rougeâtre : on dit *qu'il prend le rouge*. A ce moment, surtout, il est très délicat et a besoin d'une alimentation riche et excitante.

Passé cette crise, les dindons sont très rustiques ; *on les mène pâturer dans les champs.*

**LE LAPIN.**

**Lapins.** — Il exis-

Fig. 170. Dindon.

Fig. 171. Lapin domestique.

te plusieurs races de *lapins* : le *lapin commun* (*fig.* 171), le *lapin bélier*, le *lapin angora*, etc.

La chair du lapin est savoureuse et nutritive; l'élevage de cet animal est facile et productif.

Le lapin est un rongeur toujours prêt à brouter. Il est peu difficile. On lui donne des herbes de toutes sortes, des racines, du son.

Le *clapier*, logement du lapin, doit être sain et tenu très proprement.

## Résumé.

| | |
|---|---|
| 1. Que savez-vous de l'oie? | L'*oie* est un gros oiseau qui nous fournit sa chair, son foie avec lequel on fait d'excellents pâtés, et ses plumes. Elle pond 15 à 20 œufs et couve un mois. Les oies vont paître dans les champs. A six mois on les engraisse. |
| 2. Parlez du canard. | Le *canard* est un oiseau rustique. Son élevage est facile et avantageux quand on dispose d'une pièce d'eau. |
| 3. Parlez du dindon. | Le *dindon* est délicat dans son jeune âge; mais après la *crise du rouge*, il est rustique et va pâturer dans les champs. |
| 4. Dites ce que vous savez du lapin. | Le *lapin* est facile à élever. Il mange toute sorte d'herbes et donne une bonne chair. Mais il faut le loger dans un clapier sain et propre. |

DEVOIRS. — I. *Racontez ce que vous savez sur l'oie, sur les produits qu'elle nous donne, sur la manière de l'élever, de l'engraisser.*

II. *Même devoir pour le canard, le dindon et le lapin.*

## 41ᵉ LEÇON

## *Reptiles, Batraciens.*

### REPTILES.

**Reptiles.** — Les *Reptiles* sont également des vertébrés. Mais leur squelette est réduit à un petit nombre d'os. Leur corps est recouvert de plaques écailleuses comme les *serpents* et les *lézards*, de plaques osseuses comme les *crocodiles* ou d'une carapace (cuirasse) comme les *tortues*. Sauf quelques serpents, les reptiles sont *ovipares*, c'est-à-dire pondent des œufs.

**Tortue.** — Les *tortues* (*fig.* 172) sont *aquatiques* ou *terrestres*. Celles de nos pays sont de petite taille, mais il en est qui ont près d'un mètre de long.

La carapace de certaines tortues fournit l'*écaille*, dont on fait des manches de couteaux et des peignes.

Fig. 172. Tortue.

**Crocodiles** (*fig.* 173). — Ce sont de dangereux voisins. Répandus dans les rivières des pays chauds, les *crocodiles* se nourrissent de tous les êtres vivants qu'ils peuvent aborder. Leurs mâchoires sont puissantes et armées de dents solides.

Fig. 173. Crocodile.

**Lézards.** — Les *lézards* (*fig.* 174) sont de gentils petits animaux très vifs et tout à fait inoffensifs; ils vivent dans les endroits arides et ensoleillés.

Fig. 174. Lézard.

**Serpents.** — Tous les *serpents* inspirent instinctivement de l'effroi. On les craint d'autant plus qu'ils se cachent dans les herbes, entre lesquelles ils rampent, et que la plupart sont venimeux.

Les pays chauds ont des serpents de grande taille, presque tous venimeux, sauf le *boa*, qui n'est dangereux que par sa force, car il peut atteindre 6 mètres de long.

En France, nous trouvons surtout l'*aspic*, la *vipère*, la *couleuvre* (*fig.* 175) et l'*orvet*.

La couleuvre et l'orvet n'ont pas de venin : ils sont inoffensifs. L'orvet est même un grand destructeur d'insectes; c'est un ami.

Fig. 175. Couleuvre.

Tout autres sont l'aspic et la vipère (*fig.* 124), dont la morsure est toujours grave.

Ces deux reptiles, que l'on doit chasser et détruire sans pitié, sont reconnaissables à leur tête aplatie et élargie en arrière, rappelant la forme d'un fer de lance.

En cas de morsure d'un serpent, il faut serrer fortement l'endroit mordu, puis serrer énergiquement, au-dessus de la morsure, le membre mordu et appeler le médecin en hâte.

## BATRACIENS.

Fig. 176. Salamandre.

**Batraciens.** — Les *crapauds*, les *grenouilles*, les *salamandres* (*fig.* 176) sont des batraciens.

On les appelle encore *amphibiens*, parce qu'ils ont deux périodes distinctes dans leur vie : au début, ils naissent et vivent dans l'eau, ce sont des têtards; plus tard, ils ont quatre pattes et vivent sur terre (*fig.* 177).

Fig. 177. Métamorphoses de la grenouille.

Les crapauds sont laids, mais ils sont inoffensifs et utiles. Gardez-vous de les détruire.

### Résumé.

| | |
|---|---|
| 1. Que savez-vous des reptiles ? | Les *reptiles* sont des vertébrés; mais leur squelette est très réduit. Leur corps est recouvert d'écailles comme les serpents, ou de plaques osseuses comme les crocodiles ou d'une carapace comme les tortues. |
| 2. Parlez des serpents. | Quelques *serpents* sont inoffensifs et utiles; tels sont la couleuvre et l'orvet. Mais il en est d'autres, tels que la vipère et l'aspic, qui sont venimeux, très dangereux, et qu'il faut détruire. |
| 3. Que savez-vous des batraciens ? | Les *batraciens* naissent dans l'eau et n'ont pas de pattes. Plus tard ils ont quatre pattes et vivent sur terre. La grenouille, le crapaud sont des batraciens. |

DEVOIRS. — I. *Qu'est-ce qu'un reptile ? Connaissez-vous des reptiles utiles ? Lesquels ? Quels services rendent-ils ? Que devons-nous faire à leur égard ?*

II. *Connaissez-vous des reptiles nuisibles ? Lesquels ? Comment sont-ils nuisibles ? Faut-il les protéger ? Que feriez-vous en cas de morsure d'un serpent ?*

# 42ᵉ LEÇON

## *Les Poissons.*

**Caractéres distinctifs des Poissons.** — Vous avez tous vu des *pois-sons*, vous savez qu'ils vivent dans l'eau.

Avez-vous remarqué ces lamelles rouges placées de chaque côté de la tête, dans les *ouïes?* Ce sont les *branchies*, organes qui permettent aux poissons de respirer dans l'eau, de sorte qu'ils ne sont pas obligés, comme les grenouilles et les autres batraciens, de revenir de temps en temps humer l'air à la surface.

Pour se mouvoir dans l'eau, les poissons ont des *nageoires :* les unes leur servent d'avirons, les autres, de rames.

Le corps des poissons est généralement allongé, flexible, recouvert d'*écailles* brillantes, parfois richement coloriées.

**Le squelette du poisson.** — A table, lorsque votre mère vous sert du poisson, elle vous recommande de prendre garde aux *arêtes* (*fig.* 178). Ce sont les os, le squelette du poisson.

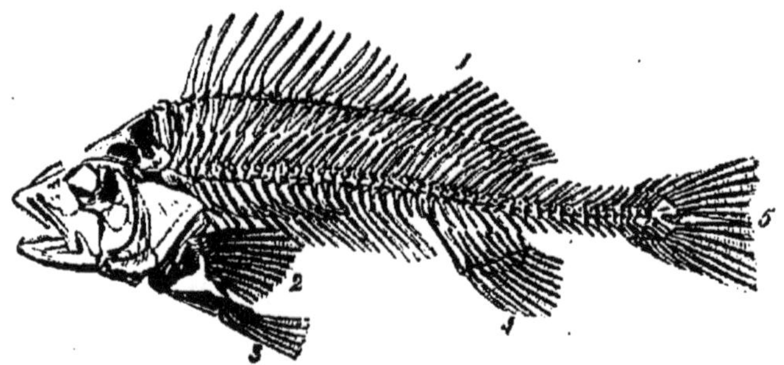

Fig. 178. Squelette de poisson (perche).

1. Nageoire dorsale. — 2. Nageoire pectorale. — 3. Nageoire abdominale. —
4. Nageoire anale. — 5. Nageoire caudale.

Les poissons sont donc des vertébrés organisés pour vivre dans l'eau.

A certaines époques de l'année, les femelles pondent un nombre considérable de petits *œufs*, qu'elles abandonnent dans l'eau. Ces œufs éclosent et donnent naissance à de petits poissons qui croissent très rapidement.

La *baleine*, qui vit avec les poissons au sein de l'eau, ne pond pas d'œufs : elle a des mamelles et allaite ses petits. Ce n'est pas un poisson ; c'est un mammifère.

**Le poisson est un excellent aliment.** — Les poissons nous fournissent un excellent aliment : on les pêche, on les mange frais, ou on les prépare de diverses manières pour les conserver.

Certains poissons vivent dans nos cours d'eau : ce sont des poissons d'eau douce.

D'autres habitent la mer.

Fig. 179. Brochet.

Fig. 180. Perche.

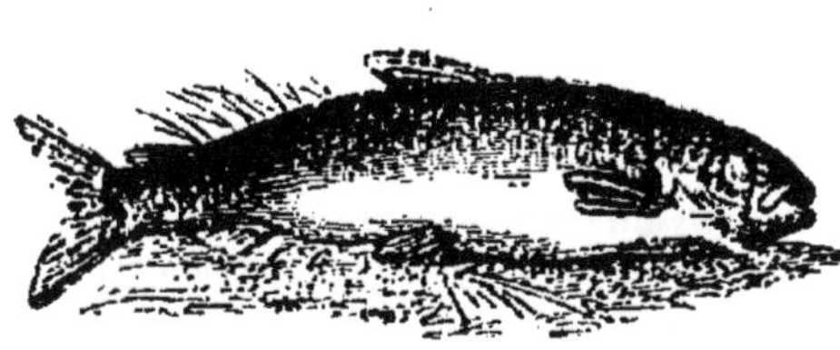

Fig. 181. Saumon.

**Poissons d'eau douce.** — Les *principaux poissons d'eau douce* sont : le *brochet* (*fig.* 179), la *perche* (*fig.* 180), la *truite*, le *saumon* (*fig.* 181), la *tanche*, la *carpe*, le *gardon*, la *brême*, le *goujon*, l'*anguille*.

**Poissons de mer.** — Parmi les *poissons de mer*, nous citerons la *morue* (*fig.* 182), le *hareng* (*fig.* 183), le *maquereau* qu'on prend en abondance et qu'on sale ou dessèche pour les conserver, la *sardine* que l'on conserve à l'huile dans des boîtes soudées.

Fig. 182. Morue.

Fig. 183. Hareng.

**La pêche.** — Les poissons de mer vivent en nombre infini au sein de l'Océan immense. On peut les pêcher à volonté, sans trop craindre de les détruire.

Mais pour les poissons d'eau douce, c'est bien différent : nos cours d'eau seraient vite épuisés si l'on y pêchait en tout temps et avec toutes sortes d'engins. Heureusement que la loi y veille : des règlements sages et prévoyants déterminent les conditions et la durée de la pêche et protègent les poissons. Nous devons tous nous conformer à ces règlements, qui sont pris dans l'intérêt de tous.

Celui qui ne respecte pas les lois de son pays est un mauvais citoyen.

### *Résumé.*

| | |
|---|---|
| 1. Dites ce que vous savez des poissons. | Les *Poissons* sont des animaux vertébrés qui vivent dans l'eau, où ils respirent à l'aide d'organes appelées *branchies.*<br>Leur corps est couvert d'*écailles* et leur squelette est constitué par des *arêtes.* |
| 2. Comment se meuvent-ils? | Ils se meuvent dans l'eau à l'aide de leurs *nageoires.* |
| 3. Comment se reproduisent-ils? | Les poissons sont ovipares et pondent dans l'eau. |
| 4. Y a-t-il des poissons dans la mer? | Il y a des poissons de mer et des poissons d'eau douce. |

DEVOIRS. — I. *Qu'est-ce qu'un poisson? En connaissez-vous? Lesquels? La baleine est-elle un poisson? Si non, dites ce qu'elle est et pourquoi.*

II. *Comment se reproduisent les poissons? Sont-ce des animaux utiles? Comment les pêche-t-on? Doit-on les pêcher toujours et avec toutes sortes d'engins? Pourquoi?*

## 43ᵉ LEÇON

## *Les Invertébrés.*

**Invertébrés.** — Jusqu'ici nous ne nous sommes occupés que des Vertébrés; mais il est un nombre prodigieux d'autres animaux dépourvus d'os, qu'on appelle pour cette raison des *Invertébrés.*

Ces invertébrés se divisent en plusieurs groupes, parmi lesquels nous citerons les *Crustacés*, les *Araignées*, les *Vers* et les *Insectes.*

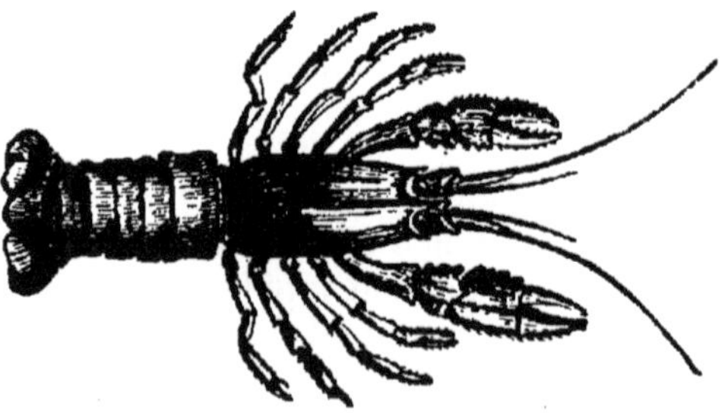

Fig. 184. Crustacé (Écrevisse).

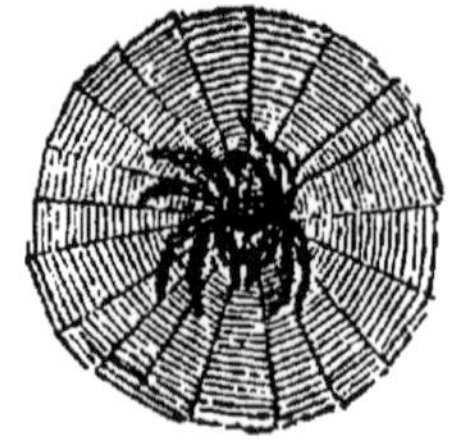

Fig. 185. Araignée.
(Les araignées ont 8 pattes, les insectes n'en ont que 6.)

**Crustacés.** — L'*écrevisse* (*fig.* 184), la *crevette*, le *homard* aux fortes pinces, le *crabe* à la démarche oblique sont des crustacés. Ces singuliers animaux justifient bien le nom donné à leur groupe : ils ont tout le corps revêtu de *croûtes* dures et calcaires.

**Araignées.** — Les *araignées* (*fig.* 185) possèdent *8 pattes*. Ce sont de grands destructeurs d'insectes ; quelques-unes tissent d'admirables filets destinés à prendre les mouches, sur lesquelles elles se précipitent pour les dévorer.

Plusieurs araignées sont munies de crochets venimeux, et leur morsure est parfois douloureuse. Les pays chauds ont des araignées de grande taille, qui sont un danger pour l'homme et les animaux.

**Vers.** — Les *vers* sont des animaux sans pattes, à corps mou, cylindrique ou aplati.

Le *lombric* ou *ver de terre* (*fig.* 186) est rouge. Il se nourrit de matières organiques qu'il enfouit dans ses galeries à travers le sol.

Fig. 186. Ver de terre.

Un autre ver trop connu est le *ténia* ou *ver solitaire*. Il se développe dans l'intestin de l'homme, où il peut atteindre vingt-cinq à trente mètres de longueur. C'est le ténia qui produit la *ladrerie du porc*.

En mangeant de la viande de porc ladre insuffisamment cuite, l'homme contracte le ténia.

**Insectes.** — Les *insectes* forment un groupe

Fig. 187. Insecte
(Abeille).

fort important : on en a décrit plus de 500000 espèces.

Ces animaux sont généralement de petite taille. Leur corps est composé d'anneaux articulés ajoutés bout à bout [et

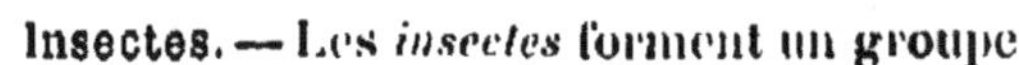

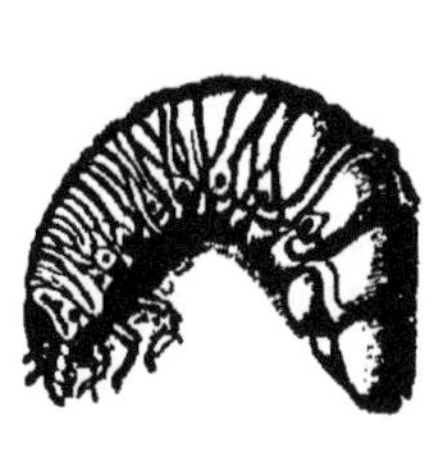

Fig 188. Ver blanc
(larve de hanneton).

Fig. 189. Hanneton.

formant trois parties bien distinctes : la *tête*, le *thorax* et l'abdomen.

Tous les insectes ont *six pattes* ; ex. : l'abeille (*fig.* 187), la *fourmi*, le *cerf-volant*.

**Métamorphoses des insectes.** — Durant leur vie, les insectes changent de formes : ils subissent des *métamorphoses*. Ainsi le *ver blanc* (*fig.* 188) devient *hanneton* (*fig.* 189), la *chenille* se transforme en *papillon*.

Tout insecte sort d'un œuf sous forme de *larve* (*fig.* 190) (ver ou chenille).

Au bout de quelque temps la larve se transforme en *nymphe* ou *chrysalide* d'où sort un insecte parfait qui ressemble à ses parents.

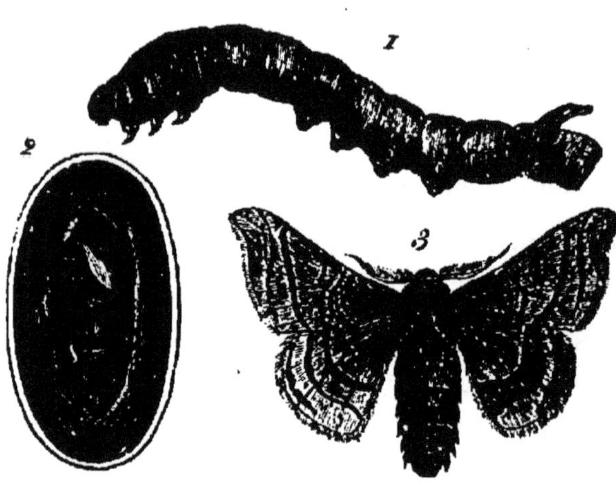

Fig. 190. Métamorphoses du ver à soie (grandeur naturelle).

1. Ver à soie à l'état de larve. — 2. Ver à soie à l'état de chrysalide enveloppée dans son cocon. — 3. Ver à soie à l'état d'insecte parfait.

Les insectes pondent une grande quantité d'œufs et se multiplient avec une rapidité effrayante : on a calculé que les œufs pondus par une seule femelle de charançon peuvent donner naissance à plus de 60 000 insectes en une saison.

## Résumé.

**1. Qu'est-ce que les invertébrés ?**

Les *Invertébrés* sont tous les animaux qui n'ont pas d'os.

**2. Comment les classe-t-on ?**

Ces invertébrés forment différents groupes. Citons : les *Crustacés* dont le corps est couvert de *croûtes* dures. Ex. : le homard ;

Les *Araignées*, qui ont huit pattes ;

Les *Vers*, sans pattes, au corps long et mou ;

Les *Insectes*, qui ont six pattes et dont le corps est formé d'anneaux.

| | |
|---|---|
| 3. Parlez des métamorphoses des insectes. | Les insectes pondent des œufs. De chacun de ces œufs éclôt une *larve* qui se transforme en chrysalide. Et de la chrysalide sort un insecte parfait semblable à ses parents. |

DEVOIRS. — I. *Connaissez-vous des invertébrés; lesquels? Pourquoi les appelle-t-on ainsi? Dites ce que vous savez des crustacés, des araignées et des vers.*

II. *La mouche est-elle un insecte? A quoi le reconnaissez-vous? Citez d'autres insectes. Comment se multiplient les insectes. Parlez de leurs métamorphoses.*

## 44ᵉ LEÇON

### Insectes nuisibles.

**Il y a partout des insectes.** — Les insectes vivent partout.

La rapidité avec laquelle ils se multiplient, leur résistance aux causes de destruction, les dommages qu'ils causent aux plantes ou aux fruits en font des ennemis redoutables pour les cultivateurs.

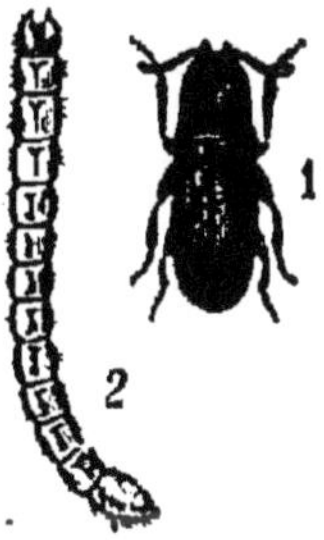

**Insectes nuisibles aux plantes.** — Nos *plantes cultivées* payent chaque année un large tribut aux insectes.

Sur pied, les céréales sont attaquées par le *taupin* (*fig.* 191), la *cécydomie* (*fig.* 192) et le *ver blanc* (larve du hanneton) (*fig.* 188, 189).

Les choux sont souvent dévorés par les *chenilles* d'un papillon blanc, la *piéride*.

La vorace *courtilière* (*fig.* 193) ronge les racines des plantes du jardin. Détruisez-la sans pitié et pour cela placez de petits tas de

Fig. 191. Taupin.

1. Insecte (grossi 1 fois 1/2). — 2. Larve (grossie 1 fois 1/2).

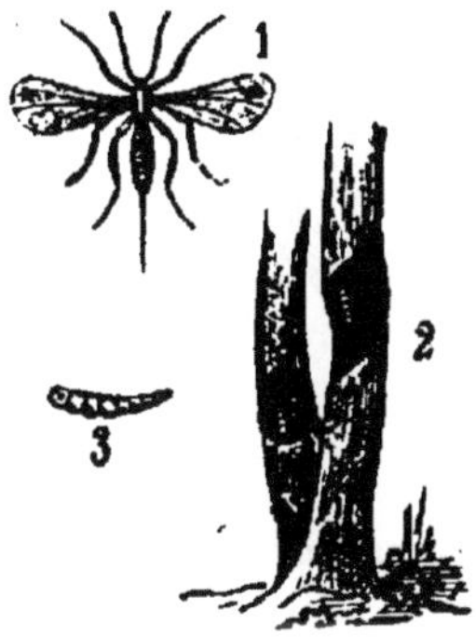

Fig. 192. Cécydomie.

1. Insecte (grossi 3 fois). — 2. Tiges ravagées. — 3. Larve.

Fig. 193. Courtilière.

terreau sur les carrés ensemencés : elle viendra s'y réfugier et vous l'y prendrez de bon matin.

**Insectes nuisibles aux grains.** — Dans les greniers, les *grains* sont endommagés par le *charançon* (*fig.* 194), la *teigne des grains* et l'*alucite* (*fig.* 195). Il est nécessaire de tenir les greniers très propres et de remuer souvent à la pelle les tas de grains pour en chasser les insectes.

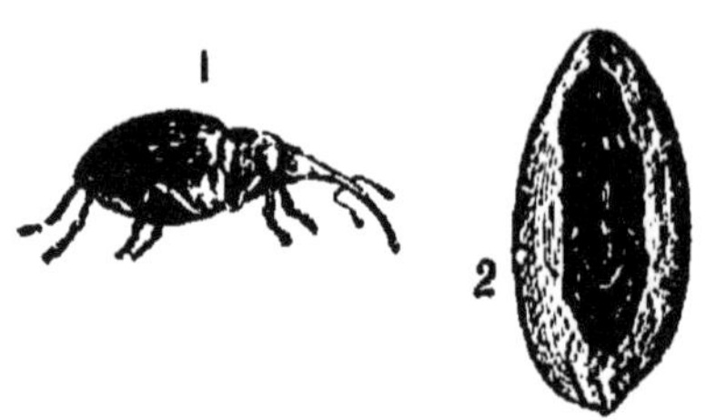

Fig. 194. Charançon.

1. Charançon (grossi 5 fois). — 2. Grain de blé attaqué.

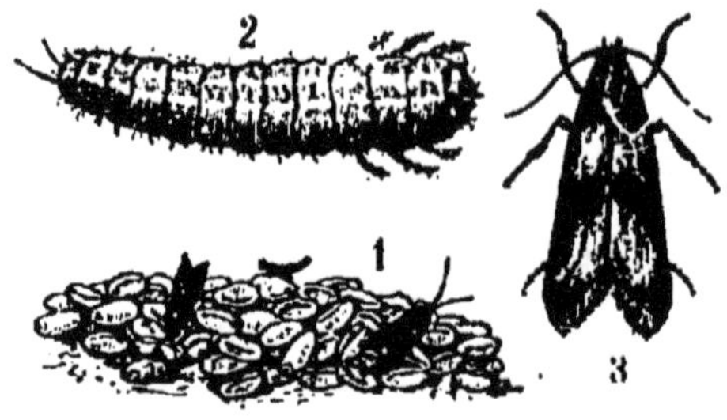

Fig. 195. Alucite.

1. Graines attaquées. — 2. Larve (grossie 5 fois). — 3. Insecte (grossi 4 fois).

Fig. 196. Anthonome sur une fleur de pommier.

A. Insecte grossi. — B. Larve.

La *bruche* s'installe dans les graines de pois et les creuse. On l'éloigne en saupoudrant les graines avec de la fleur de soufre.

**Insectes nuisibles aux arbres fruitiers.** — Nos *arbres fruitiers* n'échappent pas non plus aux ravages des insectes.

L'*anthonome* (*fig.* 196) détruit les fleurs du pommier et du poirier.

La chenille d'un petit papillon blanchâtre, l'*hyponomeute*, tisse des toiles sur les feuilles et les fleurs du pommier; le *puceron lanigère*, au corps couvert de duvet blanc, suce la sève et détermine la formation de chancres : le pommier meurt de langueur.

Les vers des *pyrales* (*fig.* 197) piquent les fruits et les font pourrir.

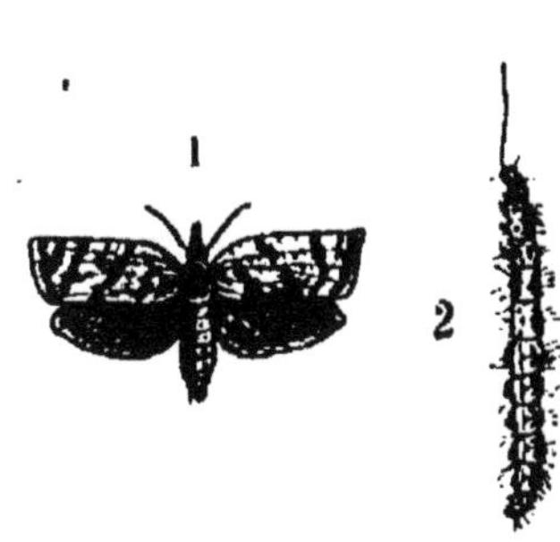

Fig. 197. Pyrale.

1, Papillon. — 2. Larve.

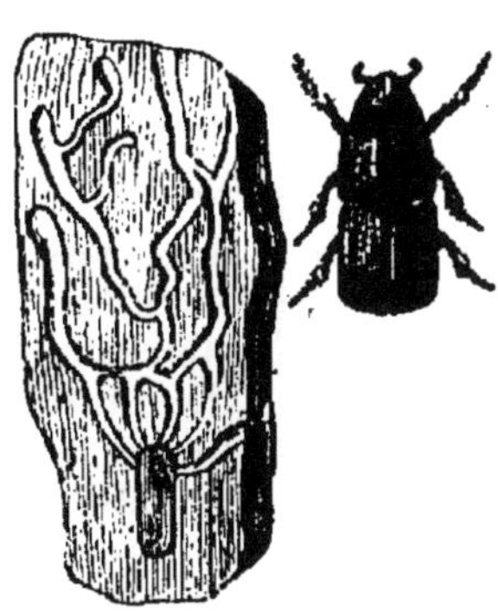

Fig. 198. Scolyte du bois
(grossi 5 fois).

**Insectes nuisibles aux forêts.** — Dans les *forêts*, les larves du *cerf-volant*, du *scolyte* (*fig.* 198), du *cossus* ou gâte-bois rongent le bois sous l'écorce ou à travers le tronc.

**Insectes ennemis de la vigne.** — La *vigne* a aussi beaucoup d'ennemis : l'*eumolpe* ou écrivain attaque ses feuilles et ses racines, la *pyrale* ronge ses bourgeons, la *cochylis* ou ver rouge détruit les grappes en fleurs, pique et fait pourrir les raisins.

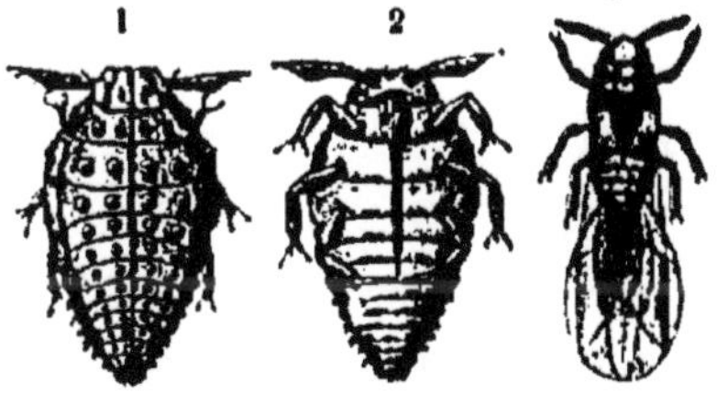

Mais de tous ses ennemis le *phylloxera* (*fig.* 199) est le plus redoutable.

Ce puceron s'enfonce dans le sol, se fixe sur les racines et les pique, suce la sève et tue la vigne. Presque toutes les vignes ont été détruites par cet insecte. Ce désastre n'a pu être réparé qu'en greffant la vigne française sur des vignes américaines, dont les racines résistent à la piqûre du phylloxera. Mais que de recherches et de ténacité, que de sacrifices il a fallu avant d'en arriver là !

Fig. 199. Le phylloxera (très grossi).

1. Phylloxera sans ailes vu en dessus. — 2. Le même vu de face avec son suçoir. — 3. Femelle ailée migratrice.

Dans notre lutte incessante contre les insectes nuisibles, nous sommes admirablement secondés par les oiseaux et par quelques insectes utiles dont nous parlerons dans la prochaine leçon.

## Résumé.

| | |
|---|---|
| 1. Y a-t-il des insectes nuisibles? | Il existe un très grand nombre d'insectes nuisibles. |
| 2. Citez des insectes nuisibles et indiquez les dégâts qu'ils causent. | Les uns, tels que le ver blanc (hanneton), la courtillière, la piéride du chou, s'attaquent à nos plantes cultivées.<br>Les autres, comme le charançon et la bruche, rongent nos grains.<br>D'autres, tels que l'anthonome et les pucerons, s'attaquent à nos arbres fruitiers.<br>Il en est même, comme le cerf-volant et le cossus, dont les larves rongent les arbres de nos forêts.<br>Enfin il en est qui sont très nuisibles à la vigne : tel est le phylloxera. |
| 3. Comment peut-on se défendre contre les insectes? | Nous ne pourrions jamais venir à bout de tant d'ennemis si les oiseaux et quelques insectes utiles ne leur faisaient la guerre. |

DEVOIR. — *Nommez les insectes nuisibles que vous connaissez. Indiquez les dégâts qu'ils commettent. Comment et avec quelle aide le cultivateur peut-il se défendre?*

# 45ᵉ LEÇON

## *Insectes utiles.*

**Insectes utiles.** — Parmi les myriades d'insectes répandus partout, il en est quelques-uns qui sont très utiles.

Les uns sont *carnassiers* : ils font la chasse aux autres insectes et nous débarrassent ainsi de plusieurs de nos ennemis.

Les autres nous fournissent des produits utiles ; ce sont des *insectes domestiques* : tels sont *l'abeille* et le *ver à soie*.

Les insectes carnassiers ou domestiques nous rendent de grands services. Nous devons les connaître et les traiter en amis.

**Insectes carnassiers.** — Parmi les insectes carnassiers, voici les *ichneumons* (*fig.* 200). Avec leur longue tarière ils percent le corps des chenilles, y pondent leurs œufs, et leurs larves dévorent ces vilaines bestioles.

Regardez ce *carabe doré* (*fig.* 200) aux ailes chatoyantes. Il court, toujours en quête d'une proie; ne le tuez pas : c'est un bon ami. Vous aimez bien les petites *coccinelles* (*fig.* 201) et les *libellules* ou *demoiselles* (*fig.* 202) : ce sont aussi des auxiliaires. Le *fourmi-lion* est bien intéressant à voir manœuvrer quand il attrape les fourmis qu'il dévore : ne dérangez pas l'entonnoir qu'il se creuse dans le sable fin. Le *ver luisant* (*fig.* 203) est également un insectivore. Tous ces insectes et d'autres encore sont utiles; protégeons-les.

Fig. 200. Carabe doré (grandeur naturelle).

Fig. 201. Coccinelle (grandeur naturelle).

Fig. 202. Libellule.

Fig. 203. Ver luisant (1 mâle. 2 femelle luisante)

**Insectes domestiques. — Abeilles. —** Les *abeilles* (*fig.* 204) vivent en *colonies* dans des ruches en paille ou en bois. Chaque colonie comprend une *reine* ou pondeuse, quelques *mâles* et des *ouvrières*.

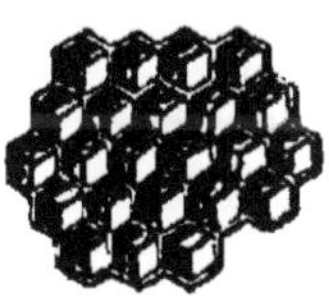

Mâle.          Reine.          Ouvrière.          Alvéoles.

Fig. 204. Les abeilles.

Ces dernières butinent sur les fleurs le miel, qu'elles portent dans les ruches, où elles en forment des *gâteaux*.

La reine pond ses œufs dans les *alvéoles* des gâteaux. Il en sort chaque année un *essaim* de jeunes abeilles, qu'on recueille dans une autre ruche.

On enlève le miel en avril ou en octobre. Il faut faire cette récolte avec précaution et laisser aux abeilles une provision de miel suffisante pour passer l'hiver.

L'emploi des ruches à cadres (*fig.* 205) facilite beaucoup la récolte du miel.

**Ver à soie.** — Le *ver à soie* (voir *fig.* 190) est une chenille blanche qui vit des feuilles du mûrier. Cette chenille provient de l'éclosion des œufs d'un gros papillon, le *bombyx*.

Fig. 205. 1. Ruche à cadre, vue extérieure. — 2. Coupe pour montrer la disposition intérieure.

Le ver à soie est très vorace et grandit très rapidement. Lorsqu'il a atteint tout son développement, il se transforme en *chrysalide* et se renferme dans un *cocon* revêtu intérieurement d'un mince et long fil de soie.

On dévide le cocon, et le fil ainsi obtenu sert à fabriquer les riches tissus de soie.

## *Résumé.*

| | |
|---|---|
| 1. Y a-t-il des insectes utiles ? | Parmi les insectes il en est qui sont *très utiles*. Dans ce nombre on remarque : |
| | Les insectes *carnassiers* tels que le *carabe* et le *fourmi-lion* qui détruisent des insectes nuisibles, les *insectes domestiques* tels que l'abeille et le ver à soie. |
| 2. Que savez-vous de l'abeille ? | L'abeille vit en colonies dans lesquelles se trouvent une reine, des mâles et des ouvrières. |
| | Les *ouvrières* sont les plus intéressantes. Elles vont butiner sur les fleurs et fabriquent le miel. |
| 3. Que savez-vous du ver à soie ? | Le *ver à soie* est la chenille du papillon bombyx. Il se nourrit de feuilles de mûrier et s'enferme dans un cocon que l'on dévide et qui donne les fils de soie. |

DEVOIRS. — 1. *Connaissez-vous des insectes utiles ? Lesquels ? Quels services nous rendent-ils ?*

II. *Dites ce que vous savez de l'abeille. Qu'est-ce qu'un essaim ? Comment se forme-t-il ?*

III. *Dites ce que vous savez du ver à soie.*

8.

# 4° PARTIE

## LES PLANTES

### 46ᵉ LEÇON

## *La Plante.*

**La plante est un être.** — La *plante* est un être vivant. Elle naît, grandit, fructifie, se propage et meurt. Mais elle n'a pas, comme l'animal, l'avantage de pouvoir se déplacer.

**Durée de la vie des plantes.** — La *durée de la vie* chez les plantes est variable : certaines plantes ne vivent qu'un an ; on dit qu'elles sont *annuelles* : tels sont le blé, le haricot, etc. D'autres vivent deux ans et sont *bisannuelles*, comme l'oignon, la betterave ; d'autres enfin sont *vivaces*, comme certaines herbes et les arbres.

**La plante vit là où elle naît.** — Pour se développer, pour produire des fruits ou des graines, la plante a be-

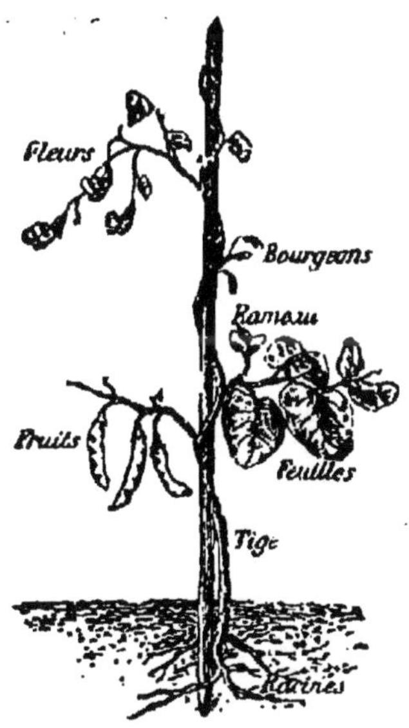


Fig. 206. Les parties de la plante
(pied de haricot).

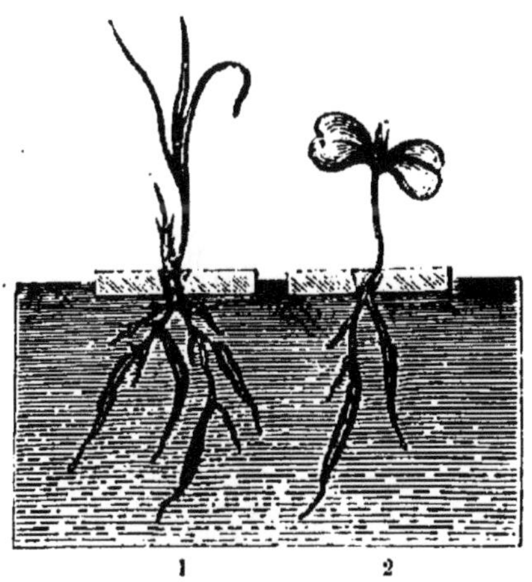


Fig. 207. Germination dans l'eau.

1. Grain d'avoine. — 2. Graine de radis.

soin de se nourrir; mais, ne pouvant se déplacer, elle prend ses aliments autour d'elle dans le sol et dans l'air.

Si elle trouve autour d'elle tout ce qu'il lui faut, elle pousse vigoureusement. Dans le cas contraire, elle reste chétive et languissante. Nous devons donc donner aux plantes cultivées un sol, des engrais et des soins répondant à leurs besoins.

**Différentes parties de la plante.** — Regardez ce pied de haricot que je viens d'arracher (*fig.* 206). Désignons ses différentes parties; voici :

1° La *racine* à la base : elle était dans le sol;

2° La *tige* au-dessus du sol, avec ses ramifications, sur lesquelles nous voyons des *feuilles*, des *fleurs* et des *fruits* (gousses).

**Racine.** — La *racine* se développe et se ramifie en sens contraire de la tige. Elle sert à fixer la plante; mais elle a un autre rôle.

Examinez les racines de ces pieds d'avoine et de radis que j'ai fait germer sur l'eau (*fig.* 207). Les racines se divisent, se ramifient au fur et à mesure que les plantes grandissent. Mais voyez-vous sur ces jeunes et fines racines cette multitude de poils fins et blanchâtres? Ce sont des *poils absorbants*, c'est-à-dire des poils à l'aide desquels les plantes absorbent dans le sol l'eau et les matières minérales dont elles se nourrissent.

Fig. 208.
Racine pivotante.

Fig. 209.
Racine fasciculée.

Les racines ont donc un double rôle : 1° elles fixent la plante au sol; 2° elles rassemblent et puisent dans le sol le liquide nourricier de la plante, la *sève*, qu'elles conduisent dans la tige.

Certaines plantes ont leurs racines *pivotantes* (*fig.* 208) : c'est le cas de la carotte, de la betterave ; d'autres ont des *racines fines et fasciculées* (*fig.* 209), c'est-à-dire rassemblées en faisceau : telles sont celles du blé.

Fig. 210. Racine charnue
(dahlia).

Fig. 211. Racine charnue
(navet).

Le dahlia (*fig.* 210), la carotte, la betterave, le navet (*fig.* 211) ont leurs racines *charnues.*

## Résumé.

| | |
|---|---|
| 1. Que savez-vous de la plante ? | La *plante* est un *être vivant.* Elle vit et se développe là où elle naît, sans pouvoir se déplacer. Elle prend ses aliments dans l'air et dans le sol. |
| 2. Quelle est la durée des plantes ? | Les plantes sont annuelles, bisannuelles ou vivaces. |
| 3. Que distinguez-vous dans une plante ? | Dans une plante, on distingue les *racines* et la *tige.* |
| 4. Quel est le rôle des racines ? | Les *racines* fixent la plante au sol ; elles puisent dans le sol, à l'aide de leurs poils absorbants, la sève dont se nourrit la plante. |

DEVOIRS. — I. *Quelle différence faites-vous entre la plante et l'animal ? Où la plante prend-elle ses aliments ? Quelles sont les différentes parties qui constituent la plante ?*

II. *Qu'est-ce que les racines des plantes ? A quoi servent-elles ? Qu'appelle-t-on racines pivotantes ? Racines fasciculées ? Racines charnues ? Donnez des exemples.*

## — 47e LEÇON —

### *La Plante (suite).*

**Tige.** — La *tige* sert de support à la plante ; c'est elle qui porte les feuilles, les fleurs et les fruits. Sa consistance, sa forme varient suivant les plantes.

La tige des herbes des prairies est molle, flexible, tandis que celle du chêne est dure et rigide. La tige du blé, comme celle de la canne à sucre, est *simple*, tandis que celle des arbres est *ramifiée (fig.* 212 et 213).

Fig. 212.
Tige simple.
Canne à sucre.)

Enfin certaines tiges sont *rampantes,* comme le fraisier (*fig.* 214) ; *bulbeuses,*

Fig. 213. Tige ramifiée.
(Chêne.)

Fig. 214. Tige rampante. (Fraisier.)

comme la jacinthe et l'oignon (*fig.* 215) ; *souterraines,* comme le chiendent, la pomme de terre et l'asperge (*fig.* 216).

Le buttage des pommes de terre favorise le développement des tiges souterraines, et par suite, celui des tubercules.

Fig. 216.
Tige souterraine.
(Asperge.)

Fig. 215. Tige bulbeuse.
(Oignon rouge de Niort.)

**Parties intérieures de la tige.** — Si l'on examine la tige des arbres feuillus de nos bois, d'un chêne par exemple, on voit au dehors l'*écorce*, en dedans le *bois*, au centre la *moelle* (*fig.* 217).

La tige renferme en son intérieur une multitude de petits canaux à peine assez larges pour livrer passage à un cheveu. C'est pourtant dans ces petits canaux que circule la sève.

**Feuilles.** — Les *feuilles* sont des lames formées de nervures ramifiées, entre lesquelles est un tissu spongieux percé d'une multitude de petits trous appelés *stomates*. Les stomates donnent accès à l'air qui circule dans les feuilles.

**Forme des feuilles.** — Les feuilles sont *simples* (*fig.* 218 et 219), comme celles du bouleau, du chêne, du tilleul, ou *composées*, comme celles de l'acacia ou du marronnier (*fig.* 220 et 221).

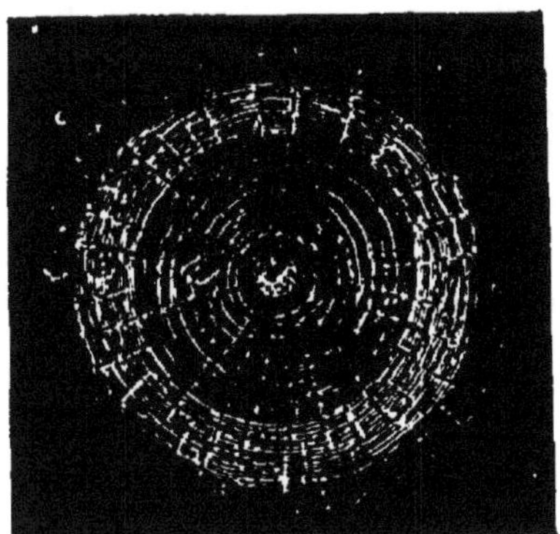

Fig. 217. Coupe d'un tronc de chêne.
1. Écorce. — 2. Jeune bois ou *Aubier*. — 3. Vieux bois. — 4. Moelle.

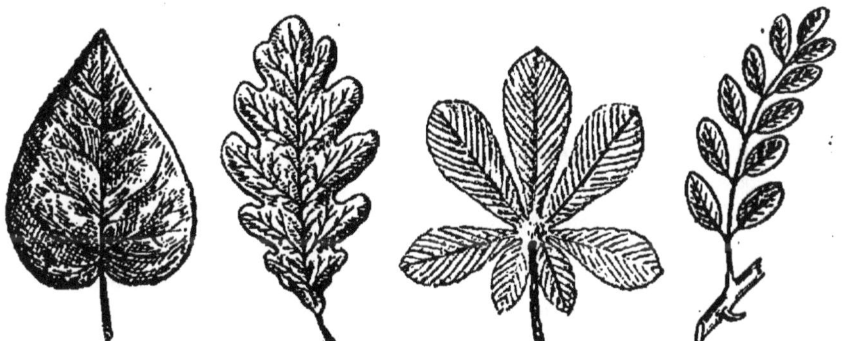

Fig. 218. Lilas.     Fig. 219. Chêne.     Fig. 220. Marronnier.   Fig. 221. Acacia.
Feuilles simples.                          Feuilles composées.

**Rôle des feuilles.** — Les feuilles sont des organes indispensables pour la nutrition végétale. Elles puisent dans l'atmosphère l'oxygène et le carbone dont les plantes ont besoin. Vous avez certainement remarqué que chaque année le départ et l'arrêt de la croissance des arbres coïncident avec l'apparition et la chute des feuilles.

## Résumé.

| | |
|---|---|
| 1. Que savez-vous de la tige? | La *tige* porte les feuilles, les fleurs et les fruits. Elle est rigide ou flexible, simple ou ramifiée.<br>Elle peut être aussi rampante, bulbeuse ou souterraine. |
| 2. Quelles parties distingue-t-on dans la tige? | La tige des arbres comprend l'écorce, le bois et la moelle. |
| 3. Que savez-vous des feuilles? | Les *feuilles* sont des lames formées par des nervures réunies par un tissu spongieux portant de petites ouvertures appelées *stomates*.<br>Il y a des feuilles simples et des feuilles composées. |
| 4. Quel est le rôle des feuilles? | Les feuilles puisent dans l'air l'oxygène et le carbone utiles aux plantes. |

DEVOIRS. — I. *A quoi sert la tige de la plante? Vous comparez entre elles la tige du chêne, du blé, du poireau, de la pomme de terre. Quelles différences faites-vous?*

II. *Vous avez vu des feuilles de marronnier, de betterave, de saule, de châtaignier ; dites ce que vous avez observé? Quelles sont celles qui sont simples? Citez des feuilles composées. A quoi servent les feuilles?*

## ——— 48e LEÇON ———

## *Nutrition de la plante.*

**1° La plante respire et prend de l'oxygène.** — La plante, comme les animaux, a besoin d'air. Dans toutes ses parties vertes, et principalement dans ses feuilles, la plante respire : elle absorbe de l'air, s'empare de l'oxygène et rejette du gaz carbonique.

Les racines ne se bornent pas à absorber les aliments entraînés par la sève : elles respirent comme les feuilles. Le sol doit donc être ameubli, afin que l'air y circule facilement et apporte aux racines l'oxygène dont elles ont besoin.

**2° La plante prend du carbone.** — Pendant le jour, les feuilles sont le siège d'un autre phénomène fort intéressant : sous l'influence de la lumière, les feuilles vertes décomposent le gaz carbonique de l'air, *prennent du carbone et rejettent de l'oxygène.*

On a calculé que les arbres d'un hectare de forêt fixent annuellement environ 4000 kilogr. de carbone.

Pendant le jour, les plantes purifient donc l'air, que leur respiration et celle des animaux tendent à charger de gaz carbonique.

Toutes les plantes, sauf quelques champignons, ont besoin de lumière pour se développer; c'est elle qui verdit les tiges et les feuilles, et donne aux fleurs leur brillant coloris. Les plantes que l'on prive de lumière s'étiolent et blanchissent.

Comprenez-vous maintenant pourquoi les jardiniers lient les salades et buttent les tiges d'asperges ou de céleri qu'ils veulent faire blanchir et rendre plus tendres?

**La plante transpire.** — Les feuilles transpirent comme notre peau et laissent s'échapper de l'eau.

Je vais vous le démontrer : sur ce plateau de la balance, je mets une plante vivante en pot; sur cet autre, je fais équilibre avec un pot contenant de la terre. Au bout de quelques instants, la balance s'incline du côté du pot de terre : la transpiration des feuilles a laissé passer de l'eau qui s'est évaporée, et la plante s'est allégée d'autant (*fig.* 222).

**Fig. 222. Transpiration des plantes.**

**La sève.** — La *sève* est le liquide nourricier de la plante. Puisée dans le sol par les poils absorbants des racines, conduite à la tige par les racines, la sève s'engage dans les canaux de la tige et arrive jusqu'aux feuilles : c'est la *sève ascendante.*

Dans les feuilles, la sève se modifie, perd de l'eau, prend du carbone, s'épaissit et devient propre à nourrir la plante; alors elle redescend : c'est la *sève descendante.* Chemin faisant, la sève descendante cède ce qu'il faut à la plante pour faire ses feuilles, ses fleurs, sa tige, ses racines.

## *Résumé.*

1. Que savez-vous de la respiration de la plante? | La plante respire et s'empare de l'oxygène de l'air. La respiration se fait dans toutes les parties de la plante et surtout dans les feuilles.

| | |
|---|---|
| 2. La plante ne prend-elle pas du carbone? | Pendant le jour, les feuilles vertes des plantes décomposent le gaz carbonique de l'air et absorbent le carbone.<br>Les plantes purifient donc l'air. |
| 3. La plante transpire-t-elle? | La plante transpire comme notre peau et laisse s'échapper de l'eau. |
| 4. Que savez-vous de la sève? | Les poils absorbants des racines puisent dans le sol la sève, qui est le liquide nourricier de la plante. |

DEVOIRS. — I. *La plante prend de l'oxygène: Où? Comment? Elle prend du carbone: A quel moment? Où? Comment? Qu'arriverait-il si les plantes étaient privées de lumière?*

II. *Que savez-vous de la transpiration des plantes? Dites ce que vous savez de la sève.*

## 49ᵉ LEÇON

## *Fleurs et Fruits.*

**Les fleurs.** — Les *fleurs* sont l'ornement des plantes et de nos campagnes.

Mais elles ne sont pas seulement agréables, elles sont utiles ; elles produisent les fruits et les graines destinées à multiplier et à propager les plantes.

**Parties de la fleur.** — Si nous examinons une fleur complète d'églantier, de fraisier ou de giroflée, nous voyons quatre sortes

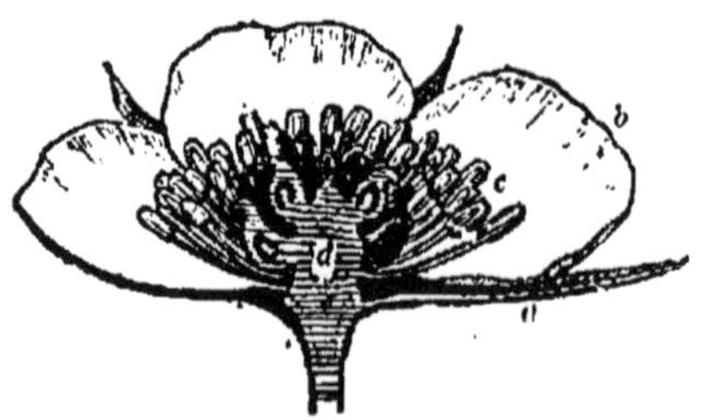

Fig. 223. Fleur de renoncule, coupée transversalement de manière à montrer : le calice *a*, la corolle *b*, les étamines *c*, les pistils *d*.

Fig. 224. Fleur de giroflée.

d'organes : le *calice*, la *corolle*, les *étamines* et le *pistil (fig. 223* et *224).*

**Calice.** — Le calice est l'enveloppe la plus extérieure de la fleur; il est formé de lames vertes appelées *sépales*.

**Corolle.** — La corolle est la partie brillante de la fleur; elle est formée de lames colorées appelées *pétales*.

**Étamines.** — Les étamines sont placées à l'intérieur de la corolle; elles sont plus ou moins nombreuses suivant les fleurs. Chaque étamine se compose d'un petit filet surmonté d'un renflement qui s'ouvre en laissant s'échapper une poussière jaunâtre appelée *pollen*.

**Pistil.** — Le pistil est situé au centre de la fleur; il présente à sa base une cavité appelée *ovaire* qui, en se développant, forme le fruit et les graines.

**Formation des graines.** — Le contact du *pollen* avec l'*ovaire* est indispensable à la formation des graines. Le vent et les insectes qui butinent sur les fleurs portent le pollen sur les pistils et favorisent le développement de l'ovaire et la formation des fruits et des graines. Mais, au contraire, la pluie, les brouillards, les gelées, s'ils détériorent le pollen ou le pistil, empêchent les fruits et les graines de se former : l'ovaire se dessèche et se détache avec la fleur.

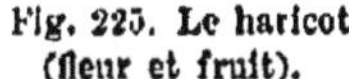

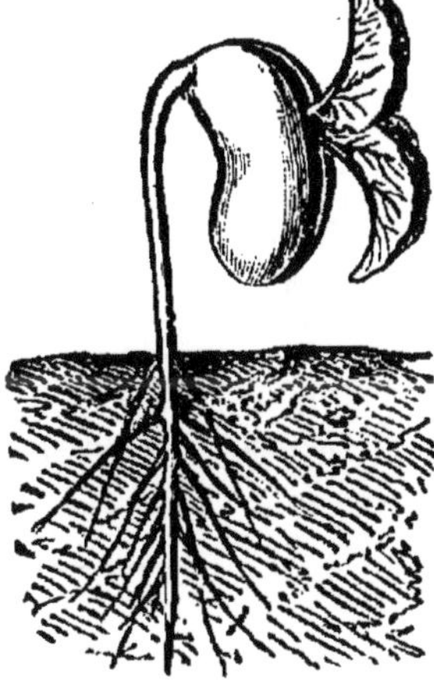

Fig. 225. Le haricot
(fleur et fruit).

Fig. 226. Haricot.

Fig. 227. Germination
du haricot.

**Fruit.** — Le fruit résulte, avons-nous dit, du développement de l'ovaire. Il renferme les graines.

Les fruits de certaines plantes sont *secs* : telles sont les gousses du haricot(*fig.* 225) ou du petit pois, et les grains de blé, de sarrasin, etc.

D'autres sont *charnus*, comme le raisin, la pêche, la pomme, le melon.

**Graine.** — La graine est la partie la plus importante du fruit, puisqu'elle renferme le *germe*, qui en se développant reproduit la plante (*fig.* 226 et 227).

Pour se développer, la plante a besoin d'air, de chaleur et d'humidité. Elle trouve ces conditions réunies lorsqu'elle est semée à une profondeur convenable, dans un sol bien préparé.

## Résumé.

| | |
|---|---|
| 1. Que distinguez-vous dans une fleur? | Dans une fleur complète on distingue : le *calice*, formé de lames vertes appelées *sépales*; la *corolle*, formée de lames colorées appelées *pétales*; les *étamines*, petits filets terminés par un renflement d'où s'échappe le *pollen*; et le *pistil*, à la base duquel se trouve l'*ovaire*. |
| 2. Que devient l'ovaire? | L'ovaire, qui reçoit le pollen, se développe et forme le fruit et les graines. |
| 3. Les fruits se ressemblent-ils? | Tous les fruits ne se ressemblent pas. Il y en a qui sont secs (haricot, blé) et d'autres qui sont charnus (pêche, melon). |
| 4. Que savez-vous de la graine? | La graine renferme le germe destiné à reproduire la plante. |

**DEVOIRS.** — I. *Qu'est-ce qu'une fleur? De quoi se compose-t-elle! A quoi A quoi servent les étamines? Et le pistil?*

II. *Comment se forme le fruit? Qu'est-ce qu'un fruit sec? Un fruit charnu? Qu'est-ce qu'une graine? Quel est son rôle?*

## —————— 50ᵉ LEÇON ——————

## Classification des Plantes.

**Multitude de plantes.** — Les plantes sont répandues sur toute la surface des terres et même dans l'Océan. Il en existe plus de cent mille espèces.

Comment se reconnaître dans tout cela ? Il a fallu, comme pour les animaux, procéder à un classement.

**Classification des plantes.** — On a rangé dans un grand groupe toutes les *plantes à fleurs*, comme le haricot, l'asperge, le blé, la giroflée, le tabac (*fig.* 228), et dans un autre groupe toutes les *plantes sans fleurs*, comme les fougères, les champignons (*fig.* 229).

Chacun de ces groupes comprend un grand nombre de familles. Chaque famille est composée de plantes ayant des analogies, des ressemblances dans la fleur, le fruit, la tige, etc.

Fig. 229. Plante sans fleurs
(champignon).

**Principales familles de plantes à fleurs.** — Les principales familles des plantes à fleurs sont :
Les **Légumineuses** ou papilionacées, ainsi appelées à cause de la forme de leur fleur, qui

Fig. 228. Plante à fleurs (tabac).

Fig. 230. Légumineuse
(pois cultivé).

Fig. 231. Rosacée (églantier).

rappelle vaguement un papillon; ex : le *pois* (*fig.* 230), la *luzerne*, le *genêt*;

Fig. 232. Crucifère (giroflée).

Fig. 233. Ombellifère (ciguë).

Les **Rosacées**; ex. : le *pommier*, le *fraisier*, le *rosier*, l'*églantier* (*fig.* 231);

Les **Crucifères**, reconnaissables à leur corolle à quatre pétales en croix; ex. : le *colza*, la *giroflée* (*fig.* 232);

Les **Ombellifères**; ex. : la *carotte*, la *ciguë* (*fig.* 233);

Les **Composées**; ex. : le *bleuet* (*fig.* 234), le *salsifis*, l'*artichaut*;

Les **Graminées**; ex. : le *blé* (*fig.* 235), l'*avoine*, le *maïs*, le *ray-grass*.

Fig. 234. Composée (bleuet).

Fig. 235. Graminée (blé).

**Principales plantes sans fleur.** — Dans le groupe des plantes sans fleurs nous trouvons les *fougères* (*fig.* 236), les *mousses* et les *champignons*.

**Champignons.** — Quelques champignons sont *comestibles* (bons à manger); tels sont : la *truffe* (*fig.* 237), la *morille* (*fig.* 238), le *cèpe* (*fig.* 239), le *champignon de couche*.

Mais il en est une foule de vénéneux. Gardez-vous de consommer un champignon si vous n'êtes pas absolument certain de ses qualités.

Fig. 236. Fougère.　　Fig. 237. Truffe.　　Fig. 238. Morille.　　Fig. 239. Cèpe.

**Champignons microscopiques.** — Il existe une foule de champignons si petits qu'on ne les distingue pas à l'œil nu. Pour les voir, on se sert d'un microscope. Parmi ces champignons microscopiques, il en est de nuisibles et d'utiles. Le *mildiou*, l'*oïdium* de la vigne, la *carie* du blé, sont produits par des champignons nuisibles. En revanche, les ferments du fromage, de

Fig. 240. Camomille.　　　　Fig. 241. Houblon.

la crème, du vin, la levure de la bière sont des champignons utiles.

Les *microbes* sont des plantes microscopiques.

**Utilité des plantes.** — Les plantes jouent un grand rôle dans la nature. Elles nourrissent les animaux.

C'est du règne végétal que nous tirons directement la plus grande partie de *nos aliments* : le pain, le vin, les légumes.

Le règne végétal fournit aussi des plantes médicinales, avec lesquelles on fait des tisanes et diverses préparations.

Les principales *plantes médicinales* sont : la *bourrache*, le *tilleul*, la *camomille* (fig. 240), le *houblon* (fig. 241), la *gentiane*, la *salseparreille*, le *cresson*, le *ricin*.

### Résumé.

| | |
|---|---|
| 1. Comment classe-t-on les plantes? | Les plantes peuvent être rangées en deux groupes : les *plantes à fleurs* et les *plantes sans fleurs*. |
| 2. Citez des plantes à fleurs et des plantes sans fleurs. | Parmi les plantes à fleurs, on remarque le haricot, le fraisier, la giroflée, le cerisier, le blé, etc., et parmi les plantes sans fleurs, on trouve les fougères, les mousses, les champignons. |
| 3. Que savez-vous des champignons? | Certains champignons sont comestibles; un grand nombre sont vénéneux. Il existe une foule de champignons microscopiques qui sont nuisibles, comme le mildiou, ou utiles, comme la levure de bière. |
| 4. A quoi servent les plantes? | Les plantes sont en général très utiles : elles nourrissent le règne animal. |

DEVOIRS. — I. *Quelles sont les principales familles de plantes à fleurs que vous connaissez? Qu'appelle-t-on champignon vénéneux?*

II. *Que savez-vous des champignons microscopiques? Sans les plantes, le règne animal disparaîtrait : dites pourquoi.*

--------- **51ᵉ LEÇON** ---------

## La Vigne.

**La vigne; le vin.** — La *vigne* est un arbrisseau à tiges sarmenteuses et noueuses. Elle produit du *raisin* pour la table ou pour la fabrication du *vin*.

La culture de la vigne fait la richesse d'une grande partie de la France. Le Midi (Hérault, Gard, Aude), le Roussillon, le Bordelais, les Charentes, la Champagne, la Bourgogne, le Beaujolais, la Touraine, l'Algérie sont des régions essentiellement viticoles.

Les vins de Bourgogne, de Bordeaux, de Touraine et de Champagne sont universellement renommés.

**Culture de la vigne.** — La vigne n'est pas exigeante au point de vue du sol. C'est dans les coteaux pierreux et ensoleillés qu'elle donne les meilleurs résultats.

Malgré sa rusticité, notre vigne française ne peut résister aux *phylloxeras*, qui, par myriades, s'enfoncent dans le sol, piquent les racines de cette malheureuse vigne, sucent sa sève, l'épuisent et la tuent (*fig.* 242).

Il s'est trouvé cependant des *vignes américaines* dont les racines sont moins sensibles aux piqûres du phylloxera (*fig.* 242).

Malheureusement ces vignes américaines ne donnent qu'un produit insignifiant ou de très mauvaise qualité. Comment faire?

On a tourné la difficulté en greffant la vigne française sur la vigne américaine.

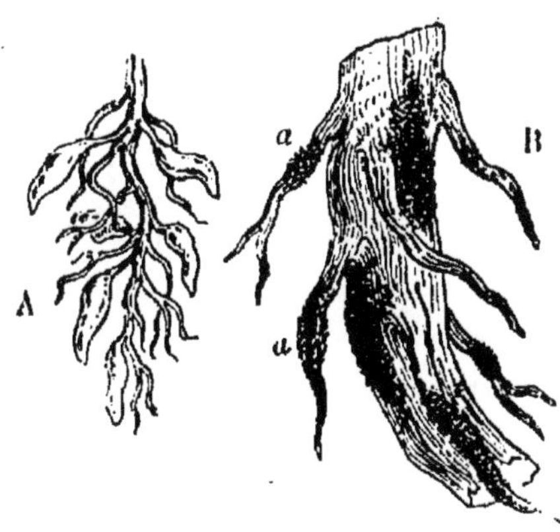

Fig. 242. Racines attaquées par le phylloxera.

A. Radicelles atteintes au début du mal. — B. Radicelles ravagées par les amas *a a* de phylloxera.

La reconstitution des vignobles se fait donc à l'aide de plants greffés que l'on élève dans des pépinières.

**Entretien.** — Les soins d'entretien de la vigne consistent en labours et binages ayant pour but d'enterrer les engrais, de détruire les mauvaises herbes et de favoriser l'aération et l'humidification du sol.

De plus, chaque année vers la fin de l'hiver on *taille* la vigne, afin de donner une forme convenable aux ceps et de régulariser la végétation et la production.

**Ennemis.** — Indépendamment du phylloxera, la vigne a de nombreux ennemis. Ce sont :

1° Des insectes avec lesquels nous avons déjà fait connaissance (44e Leçon) : l'*eumolpe*, la *pyrale*, la *cochylis* ;

2° Des champignons microscopiques qui attaquent la feuille et les raisins; citons l'*oïdium*, dont on se débarrasse par les soufrages

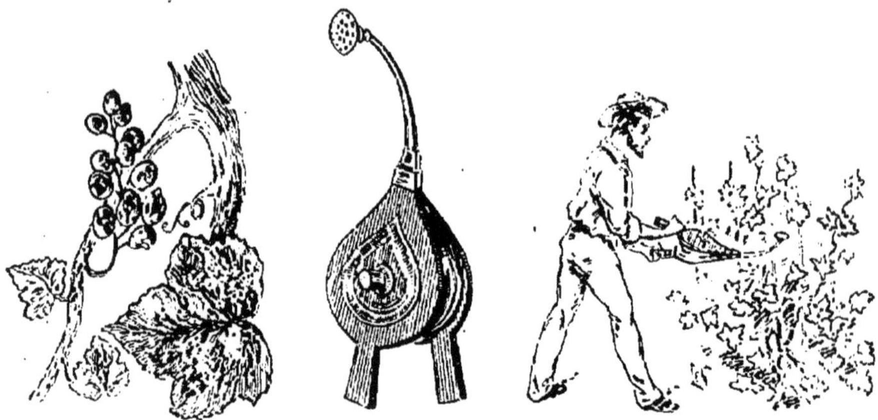

Grappes et feuilles atteintes de l'oïdium.

Soufflet pour le soufrage.

Le soufrage de la vigne.

Fig. 243. L'oïdium, maladie de la vigne.

(*fig.* 243), le *mildiou* (*fig.* 244) et le *black-rot* (*fig.* 245), que l'on combat par des traitements à la *bouillie bordelaise* (*fig.* 246).

Fig. 244. Mildiou.

Fig. 245. Raisi attaqué par le black-rot.

Cette bouillie se prépare avec du sulfate de cuivre, de la chaux et de l'eau.

9.

Fig. 246. Épandage de la bouillie bordelaise. — Traitement du black-rot et du mildiou.

**Le vin.** — En septembre-octobre, quand le raisin est bien mûr, on le cueille : c'est la vendange (*fig. 247*).

Amenées au pressoir, les grappes sont écrasées à l'aide d'un fouloir mécanique et placées dans de grandes cuves où s'opère la

Fig. 247. Fabrication du vin.

fermentation alcoolique, c'est-à-dire la transformation du sucre de raisin en alcool.

Quand la fermentation touche à sa fin, *on tire le vin* de la cuve et l'on presse le *marc*.

Le vin est logé dans des fûts très propres et soutiré en décembre et en mars.

**Vin blanc.** — Le *vin blanc* s'obtient ordinairement avec des raisins blancs.

Mais on peut aussi faire du vin blanc avec des raisins rouges que l'on presse aussitôt vendangés.

Le jus est mis directement dans des fûts, où il fermente.

## Résumé.

| | |
|---|---|
| 1. Que savez-vous de la vigne ? | La *vigne* est un arbrisseau qui produit le raisin. Elle vient dans presque tous les sols. |
| 2. Parlez du phylloxera et de la reconstitution du vignoble. | Le phylloxera avait détruit le vignoble français ; on est parvenu à le reconstituer en greffant la vigne française sur des vignes américaines. |
| 3. La vigne a-t-elle d'autres ennemis ? | ' La vigne est encore attaquée par divers insectes (cochylis, pyrale) et par des champignons (mildiou, oïdium). |
| 4. Qu'est-ce que le vin ; comment l'obtient-on ? | Le vin est une boisson agréable et tonique. On l'obtient avec le raisin, que l'on écrase et qu'on presse. Le jus fermente. Quand la fermentation est terminée, on soutire dans des fûts très propres. |

DEVOIRS. — I. *Quelles sont les parties de la France qui produisent le plus de vin ? Et celles qui donnent les meilleurs vins ? Comment cultive-t-on la vigne ?*

II. *Comment a-t-on reconstitué les vignes détruites par le phylloxera ? Comment fait-on le vin ?*

## —————— 52e LEÇON ——————

## *Le Pommier. — Le Cidre.*

**Le pommier.** — Le *pommier* est cultivé pour fournir des pommes *de table* et des pommes *à cidre*.

La culture du pommier à cidre est une source de richesse pour la Normandie, la Bretagne et pour diverses autres régions où elle tend à se développer.

Le pommier se plaît en sols fertiles, profonds, mais perméables.

On le multiplie en semant des pépins (graines de pommes), avec lesquels on obtient des pommiers sauvages, que l'on transplante en pépinière et sur lesquels on greffe de bonnes variétés de pommes.

**Bonnes variétés de pommes à cidre.** — Les bonnes variétés de pommes à cidre sont productives, rustiques, donnant des fruits de bonne qualité.

On peut citer : *Doux-Evêque, Amer-doux, Joly, Fréquin, Bedan, Brantot, Moulin à vent, Gagne-vin;* mais il existe en outre dans chaque région cidricole de bonnes variétés locales que l'on ne doit pas négliger.

**Plantation.** — On ne doit planter que des arbres vigoureux portant de nombreuses radicelles, ayant une écorce lisse et exempte de chancres ou de maladies.

Ces arbres sont (*fig.* 248) mis en place dans des trous aussi larges que possible au fond desquels on met du terreau ou un mélange de terre et de fumier bien pourri. Puis on dresse l'arbre au milieu du trou; on écarte les racines, on les recouvre de bonne terre que l'on tasse légèrement; on place un solide tuteur à côté de l'arbre et l'on comble le trou en terminant par la mauvaise terre.

**Soins.** — Pour avoir de beaux et bons pommiers, il faut, au cours de l'hiver, les débarrasser de la mousse, des branches mortes et inutiles, enlever le gui, leur donner des engrais et combattre les insectes nuisibles.

Le purin, le terreau, les composts phosphatés sont de bons engrais pour tous les arbres fruitiers.

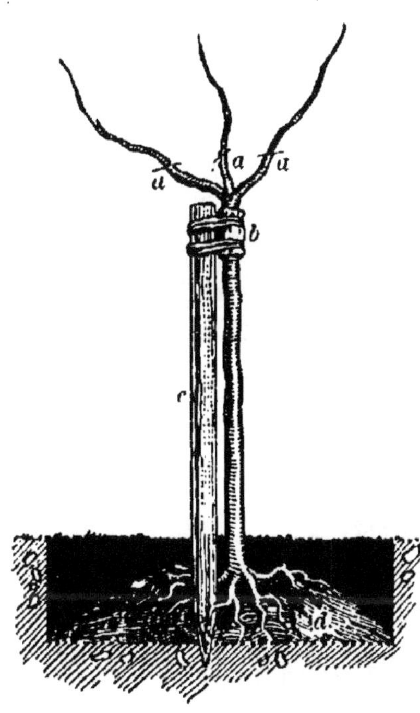

Fig. 248. Plantation des arbres.

*a.* Section des arbres. — *b.* Manchon de paille et ligatures. — *c.* Tuteur. — *d.* Monticule de bonne terre sur lequel on étale les racines.

**Cidre.** — Le *cidre* est le jus de pommes fermenté.

Pour le fabriquer, on cueille les pommes (*fig.* 249) et on les conserve à l'abri de la pluie. Lorsqu'elles sont mûres, on les écrase à l'aide d'un broyeur (*fig.* 250). Dix à douze heures après, on les presse (*fig. 251*) et on recueille le jus dans des fûts, où il *fermente;* puis on le soutire dans des tonneaux soigneusement nettoyés.

Le cidre est d'une conservation difficile, et sa fabrication exige beaucoup de soins et de propreté.

Fig. 249. La récolte des pommes.

Fig. 250. Concasseur de pommes.

Fig. 251. Pressoir à cidre.

## *Résumé.*

| | |
|---|---|
| 1. Qu'est-ce que le pommier? | Le *pommier* est un arbre qui produit des pommes de table ou des pommes à cidre. |
| 2. Comment propage-t-on le pommier? | On le propage en semant des pépins de pommes. Mais les arbres ainsi obtenus sont des sauvageons : ils donnent de mauvais fruits. On améliore ces sauvageons par la greffe. |
| 3. Comment peut-on obtenir de beaux pommiers? | Pour obtenir de beaux arbres, il faut choisir des sujets vigoureux et sains, les planter dans des trous larges, leur donner des engrais et les débarrasser des mousses. |
| 4. Que savez-vous du cidre? | Le cidre se fait avec des pommes que l'on écrase et que l'on presse. Le jus est recueilli dans des fûts où il fermente; puis on le soutire. |

DEVOIRS. — I. *Comment obtient-on un pommier? Comment propage-t-on les bonnes variétés de pommes? Quelles sont les meilleures variétés de pommes? Comment doit-on planter un pommier?*

II. *Quels sont les soins à donner au pommier? Comment peut-on obtenir du bon cidre?*

## ——— 53ᵉ LEÇON ———

## *Les Prairies. — Le Foin.*

**Les prairies.** — La plupart des animaux de la ferme, le cheval, le bœuf, le mouton, sont des herbivores (33ᵉ Leçon). L'*herbe* est la base de leur alimentation.

Cette herbe est produite par les *prairies*. Une prairie est donc une terre couverte d'herbes propres à la nourriture des animaux domestiques.

On distingue les prairies naturelles et les prairies artificielles.

**Prairies artificielles.** — Les *prairies artificielles* sont des terres sur lesquelles on cultive des *plantes légumineuses*, telles que le *trèfle* (fig. 252), la *luzerne*, le *sainfoin* (fig. 253), la *vesce*.

Ces *légumineuses* ou papilionacées sont reconnaissables à leur fleur, dont la forme rappelle vaguement un papillon.

La durée des prairies artificielles varie de 1 an à 2 ans sauf pour les luzernières que l'on peut conserver 8 à 10 ans.

Fig. 252. Trèfle (*légumineuse*).    Fig. 253. Sainfoin ordinaire (*légumineuse*).

**Prairies naturelles.** — Les *prairies naturelles* sont des terres engazonnées pour une très longue durée. Le gazon est constitué par un mélange de légumineuses et de *graminées*.

Les *graminées* sont des plantes à tiges creuses portant des nœuds. Vous en connaissez quelques-unes : le blé, le seigle, l'avoine sont des graminées de grande valeur. Parmi les *graminées* des prairies, je vous citerai l'*avoine élevée*, le *ray-grass*, le *paturin* (*fig.* 254), la *fétuque* et la *fléole* (*fig.* 255).

Les légumineuses qui se trouvent le plus souvent associées à ces plantes sont le *trèfle ordinaire* et le petit *trèfle blanc*.

Les prairies naturelles sont établies pour une longue durée. La plupart sont permanentes, c'est-à-dire ont une durée illimitée.

Certaines prairies sont *fauchées* : leur herbe est convertie en *foin*. D'autres sont *pâturées* : leur herbe est mangée sur place. Ces prairies pâturées prennent le nom de *pâturages* ou d'*herbages*.

**Soins d'entretien.** — Les prairies naturelles demandent quelques soins ; il faut les irriguer en terrains secs, les drainer en terrains humides; les herser au début du printemps, et leur donner des engrais tous les deux ou trois ans.

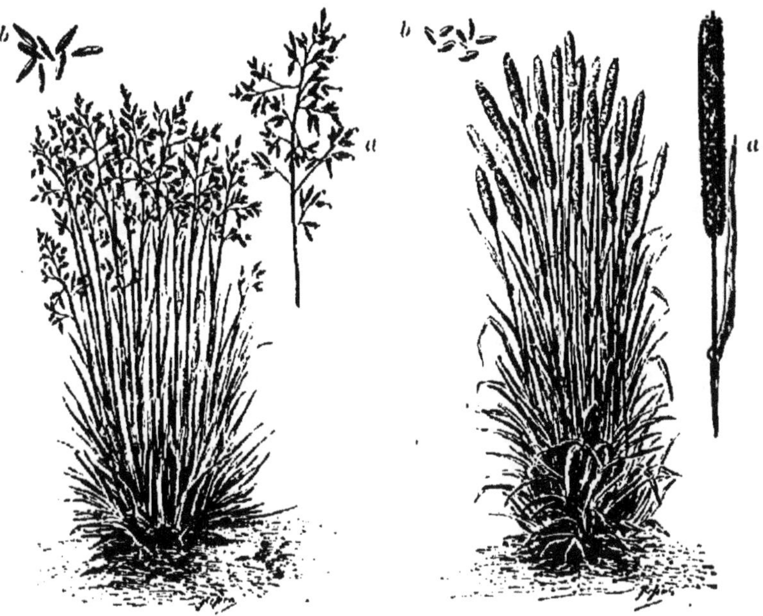

Fig. 254. Paturin des prés (*graminée*).
*a.* Rameau floral. — *b.* Graines (grossies 2 fois).

Fig. 255. Fléole des prés (*graminée*).
*a.* Rameau floral. — *b.* Graines (grossies 2 fois).

**Récolte.** — Pour convertir l'herbe en foin, on la fauche à l'aide de la faux ou de la faucheuse mécanique (*fig.* 256) et on la fane, c'est-à-dire on la retourne à trois ou quatre reprises. Le *fanage* ne se fait que par un temps chaud et sec. Le soir, après chaque fanage on réunit l'herbe en petits tas, que l'on éparpille le lendemain.

La pluie, qui lave l'herbe coupée, lui enlève une partie de ses qualités.

Fig. 256. Faucheuse mécanique.

Quand le foin est fait, on le met à l'abri soit en grandes meules, soit dans des greniers.

Fig. 257. La fenaison.

## *Résumé.*

**1. Quels services rendent les prairies ?**

Les *prairies* fournissent l'herbe ou le foin nécessaire pour l'alimentation des animaux de la ferme.

**2. Existe-t-il diverses catégories de prairies ?**

On distingue les prairies *naturelles*, qui sont engazonnées pour une très longue durée, et les prairies *artificielles*, qui sont des terres labourées sur lesquelles on cultive des légumineuses.

**3. Citez les principales plantes des prairies.**

Les principales plantes des prairies sont le ray-grass, la fétuque, le paturin, le trèfle.

**4. Que savez-vous du foin ?**

Le foin s'obtient en fauchant l'herbe et en la faisant se dessécher au soleil. On conserve le foin, à l'abri, en grandes meules ou dans des greniers.

DEVOIRS. — 1. *Quelle différence faites-vous entre une prairie naturelle et une prairie artificielle? Quelles sont les plantes cultivées dans ces deux sortes de prairies ?*

11. *Quels sont les soins à donner aux prairies? Vous avez vu faire la récolte du foin : racontez ce que vous avez vu.*

## 54ᵉ LEÇON

## Les Céréales.

**Les céréales.** — Les *céréales* sont des plantes extrêmement utiles. Elles donnent des grains qui servent à l'alimentation de l'homme et des animaux. Leur récolte annuelle en France représente une valeur de plus de trois milliards de francs. Les plus cultivées sont le blé, le seigle, l'avoine, l'orge, le maïs, le sarrasin.

**Culture.** — Ces plantes n'ont pas toutes les mêmes exigences.
Le *blé* (*fig.* 258) aime les terres franches; le *seigle* (*fig.* 259) se plaît en terres légères; l'*avoine* (*fig.* 261) s'accommode de la plupart des sols; quant à l'*o. ge* (*fig.* 260), il lui faut des sols meubles et fer-

Fig. 258. Blé.     Fig. 259. Seigle.     Fig. 260. Orge.          Fig. 261. Avoine.

tilles. Le *sarrasin* (*fig.* 262) est surtout cultivé dans le Limousin, la Bretagne, la Normandie.

Les céréales se sèment en automne ou au début du printemps dans des terres propres, convenablement ameublies par des labours, des hersages et des roulages, et suffisamment fertilisées par des fumures et des engrais complémentaires.

Le seigle et le sarrasin sont moins exigeants.

Fig. 262. Sarrasin.

Fig. 263. Les semailles.

Les *semailles* se font à la volée (*fig.* 263) ou au semoir mécanique, qui permet de semer en lignes et d'économiser de la semence. On doit choisir pour semences des graines de premier choix, grosses, lourdes et très propres. Toutes les céréales redoutent les mauvaises herbes et, pour cette raison, demandent un sol bien nettoyé. Il est même utile le plus souvent de les sarcler au printemps, afin de les débarrasser des mauvaises herbes, telles que la nielle, le coquelicot, l'ivraie enivrante et la moutarde.

Fig. 264. La moisson.

**Moisson.** — La moisson du blé, du seigle, de l'orge et

de l'avoine a lieu en juillet-août avant la complète maturité. On se sert pour cela de la faucille, de la faux ou de la moissonneuse mécanique (*fig.* 264). Les céréales coupées sont liées en gerbes et disposées en moyettes, en attendant d'être mises en meules ou en grange et battues.

Le *battage* se faisait jadis au fléau (*fig.* 265); on l'effectue maintenant à la batteuse mécanique (*fig.* 266). Le grain se conserve dans des greniers très propres, secs et bien aérés. On le met en tas peu épais et de temps en temps on le remue à la pelle.

Tous les peuples civilisés consomment des céréales.

Avec le blé, nous faisons le *pain*, qui est la base de l'alimentation humaine. Le seigle et le sarrasin entrent aussi dans l'alimentation des populations des régions pauvres, et servent également à nourrir les animaux domestiques.

Fig. 265. Battage au fléau.

Fig. 266. Battage mécanique.

L'avoine est l'aliment de force du cheval; les chevaux consomment aussi de l'orge et du maïs.

Le sarrasin et le maïs conviennent très bien pour la nourriture et l'engraissement des volailles.

Enfin l'orge germée, débarrassée de son germe et mise à fermenter, donne une excellente boisson, la *bière*.

## Résumé.

**1. Quelles sont les principales céréales?** — Les principales *céréales* sont le blé, le seigle, l'orge, l'avoine, le maïs et le sarrasin.

| | |
|---|---|
| 2. Parlez de leur culture. | On les sème en automne ou au commencement du printemps. Ce sont des plantes assez exigeantes. Le blé demande des sols propres, fertiles et bien pourvus d'engrais. |
| 3. A quelle époque a lieu la moisson ? | La plupart des céréales arrivent à maturité en juillet-août. On les coupe à la faux ou à l'aide de la moissonneuse. |
| 4. Quel est le but du battage ; comment le fait-on ? | Le battage a pour but de détacher le grain des épis ; cette opération se fait soit à l'aide du fléau, soit avec une batteuse mécanique. |
| 5. Comment conserve-t-on le grain ? | Le grain se conserve dans des greniers propres, secs et bien aérés. |

DEVOIRS. — I. *Citez des céréales. A quoi servent-elles ? Comment cultive-t-on le blé ?*

II. *A quel moment moissonne-t-on ? Vous avez vu moissonner : dites ce que vous avez vu. Comment fait-on le battage ? Comment conserve-t-on le blé ?*

# ———— 55ᵉ LEÇON ————

## *Le Pain.*

.Le pain. — Pour faire du *pain*, il faut de la farine. La farine s'extrait du grain de blé : c'est le meunier qui se charge de ce soin.

Fig. 267. Le moulin.

Le moulin (*fig.* 267). — Autrefois on faisait moudre le grain par les esclaves ; aujourd'hui les esclaves sont remplacés dans ce pénible travail par la vapeur ou la force des cours d'eau. Le blé porté au moulin est nettoyé et passé sous des meules ou entre des *cylindres* qui l'aplatissent, l'écrasent, et donnent ainsi un mélange de *farine* et de *son*. La farine provient de l'amande du grain, et le son, de l'écorce.

**Le blutage.** — Ce mélange de farine et de son est tamisé sur des tamis spéciaux appelés *blutoirs*, qui séparent le son, servant à la nourriture des animaux, d'avec la fine farine blanche que l'on envoie au boulanger.

Fig. 268. La boulangerie.

**Boulangerie** (*fig.* 268). — *La pâte.* — Le boulanger met la farine dans le pétrin, ajoute une certaine quantité de pâte déjà aigrie appelée *levain*, provenant d'une précédente opération, verse de l'eau légèrement salée et pétrit le tout.

Le pétrissage consiste à mélanger intimement la farine, l'eau et le levain, et à obtenir une pâte souple, longue et bien aérée. Ce travail est très pénible quand on l'effectue à bras.

Dans les grandes boulangeries, on se sert de pétrins mécaniques.

**Fermentation.** — Placée dans des corbeilles (*fig.* 269) et abandonnée à elle-même dans une pièce un peu chaude, la pâte *fermente*, elle *lève*.

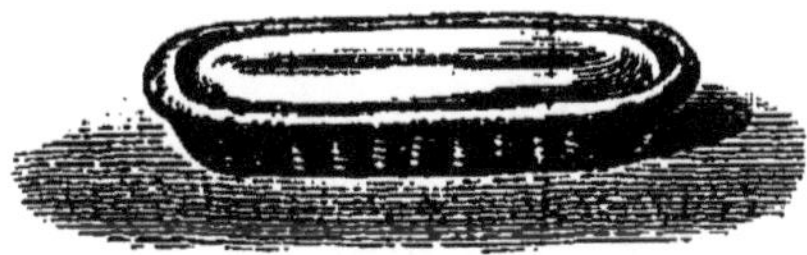

Fig. 269. Pâton dans sa corbeille.

Sous l'influence du levain qu'on y a mis, il se produit au sein de la pâte des gaz qui la soulèvent, la boursouflent, et déterminent à l'intérieur une multitude de petits vides : ce sont les *yeux* du pain.

**Cuisson.** — Au bout de quelques heures, la pâte est suffisamment levée : le boulanger vide chaque corbeille sur une grande pelle en bois et introduit le pâton dans un four préalablement chauffé (*fig.* 268).

La cuisson dure de 3o à 6o minutes, selon la grosseur des pâtons. Quand elle est terminée, on retire le pain. La partie extérieure est plus cuite, plus dure et d'une couleur dorée : c'est la *croûte*. L'intérieur est moins cuit, parsemé d'yeux : c'est la *mie*.

Le pain bien cuit contient encore environ 3o à 4o pour 100

d'eau. On estime que 100 kilogr. de farine donnent de 130 à 140 kilogrammes de pain.

Le pain coûte à gagner : ne le gaspillez pas; mais partagez-le avec ceux qui ont faim.

### Résumé.

| | |
|---|---|
| 1. Avec quoi fait-on le pain? | Le pain est fait avec la farine que l'on extrait du grain de blé. |
| 2. Que devient le blé au moulin? | Le blé, porté au moulin, est d'abord nettoyé, puis passé sous des meules ou entre des cylindres qui l'écrasent et donnent un mélange de farine et de son. |
| 3. Que fait le blutage? | Le blutage sépare la farine d'avec le son. |
| 4. Comment fait-on le pain? | Pour faire le pain, on mélange la farine avec un peu de levain (pâte aigrie) et de l'eau salée. Cette pâte fermente, lève. Alors on la fait cuire au four. |

DEVOIRS. — 1. *Qu'est-ce que le pain? Avez-vous visité un moulin? Qu'y avez-vous vu? Qu'est-ce qu'on y fait? Savez-vous ce que c'est qu'un blutoir? A quoi sert-il?*

II. *Vous avez visité une boulangerie : qu'avez-vous remarqué? Comment le boulanger fait-il sa pâte? Comment fait-on lever la pâte? Où et comment fait-on cuire la pâte.*

## ———— 56ᵉ LEÇON ————

## *Les Plantes sarclées.*

**Plantes sarclées.** — On appelle *plantes sarclées* des plantes qui, pendant leur végétation, sont l'objet de binages et de sarclages ayant pour but de débarrasser le sol des mauvaises herbes et de le maintenir meuble.

Les principales plantes sarclées sont la *pomme de terre*, le *topinambour*, la *betterave*, la *rave*, le *navet* et la *carotte*.

Ces plantes jouent un grand rôle dans l'alimentation de l'homme et des animaux et dans l'industrie agricole.

**Pomme de terre.** — La *pomme de terre* (*fig. 270*) est originaire du Chili et du Pérou. Sa culture ne s'est répandue en France qu'à la fin du XVIIIᵉ siècle, grâce aux efforts de Parmentier.

Cette plante se propage à l'aide de ses tubercules, que l'on plante en mars-avril. L'arrachage a lieu en octobre.

Il existe de nombreuses variétés de pommes de terre. Citons : *Marjolin, Jaune de Hollande, Saucisse rouge,* cultivées pour l'alimentation de l'homme, et

Fig. 270. Pomme de terre.

Fig. 271. Silo. (Coupe et vue de côté.)

*Institut de Beauvais, Czarine, Canada, Géante bleue,* utilisées surtout pour l'alimentation des animaux ou pour l'extraction de la *fécule.*

Les tubercules se conservent à la cave, au cellier ou dans des silos recouverts de terre (*fig.* 271).

**Betterave.** — La *betterave* (*fig.* 272) a une grosse racine charnue qui sert à l'alimentation du bétail ou à la fabrication du sucre ou de l'alcool.

Cette plante se sème en avril sur un sol fertile bien fumé et bien ameubli. L'arrachage a lieu

Fig. 273. Topinambour.

Fig. 272.
Betterave sucrière.

en octobre. Les racines sont conservées, à l'abri de la gelée, dans des silos.

**Topinambour.** — Le *topinambour (fig. 273)* est une plante très rustique; il se cultive comme la pomme de terre; ses tubercules sont employés pour l'alimentation des animaux et la fabrication de l'alcool.

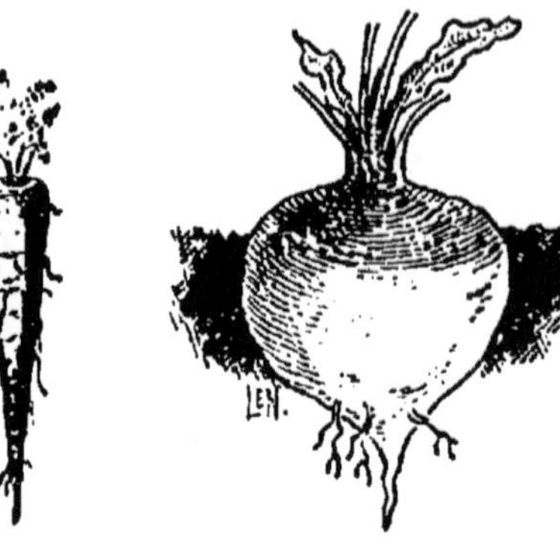

Fig. 274. Carotte.       Fig. 275. Navet.

**Carotte** (*fig. 274*), **Navets** (*fig. 275*). — Ces plante sont cultivées pour leurs racines qui sont un excellent aliment pour l'homme et pour les animaux.

## Résumé.

1. Que savez-vous des plantes sarclées ?

Les *plantes sarclées* sont celles qu'on doit débarrasser des mauvaises herbes par des binages et des sarclages.

2. Citez les principales et indiquez leurs usages.

Les principales sont la pomme de terre, la carotte, le navet, la betterave et le topinambour, qui sont employés dans l'alimentation de l'homme et des animaux.

La pomme de terre, la betterave, le topinambour servent aussi à produire de l'alcool. De la pomme de terre on extrait la fécule.

**Devoirs.** — I. *D'où nous vient la pomme de terre? Par qui fut-elle propagée en France? A quelle époque? Parlez de la culture de cette plante et de ses usages.*

II. *Pourquoi sarcle-t-on les plantes sarclées? Dites ce que vous savez de la betterave, de la carotte et des navets.*

10.

## 57° LEÇON

# *Plantes oléagineuses. — Plantes textiles.*

**Les plantes oléagineuses. L'huile.** — *L'huile* nous est fournie par les fruits de *l'olivier* et du *noyer*, et par les graines de diverses plantes oléagineuses, telles que le *colza*, *l'œillette*, le *lin*, le *chanvre*.

*L'olivier (fig.* 276) est un arbre du midi de la France. Il se plaît surtout en Provence.

Le *noyer (fig.* 277) se rencontre principalement dans le Dau-

Fig. 277. Noyer.

Fig. 276. Olivier.

phiné, le Périgord, le Quercy, la Basse-Auvergne et la Touraine.

Les meilleures olives et les plus belles noix sont servies sur nos tables, les autres sont livrées aux huileries.

Le *colza (fig.* 278) est une plante à fleurs jaunes, de la même famille que le chou; il est cultivé en Normandie et dans le nord de la France.

Fig. 278. Colza.

L'œillette est un pavot; ses graines sont logées dans une capsule au sommet de la tige.

Le *chanvre* (*fig.* 279) est une plante à tige simple, droite, fibreuse. Certaines tiges produisent uniquement des fleurs : ce sont les pieds mâles; d'autres donnent aussi des graines : c'est le chanvre femelle. Le chanvre est cultivé surtout dans la Sarthe, l'Anjou et la Touraine.

Fig. 279. Chanvre.
Chanvre mâle.     Chanvre femelle.

Fig. 280. Lin.
Plante entière et fruit.

Le *lin* (*fig.* 280) a une tige moins haute et plus fine que le chanvre; on le cultive surtout en Picardie et dans la Flandre.

Le chanvre et le lin fournissent des graines dont on extrait de l'huile, et leurs tiges donnent la filasse.

*Cotonnier* (*fig.* 281). — En Égypte, dans les Indes et en Amérique on cultive le cotonnier, dont les graines sont revêtues d'un duvet

Fig. 281. Fleur, fruit et graine du cotonnier.

blanc que l'on file. Les graines du cotonnier fournissent aussi de l'huile.

**Extraction de l'huile.** — Pour extraire l'huile, on écrase sous des meules les graines oléagineuses, les olives et les noix. Puis on les place sous de très puissantes presses qui obligent l'huile à s'écouler.

L'olivier, le noyer, l'œillette donnent une *huile à manger;* le colza, de *l'huile à brûler;* le chanvre et le lin, de l'huile pour les *vernis et la peinture.* L'huile du cotonnier sert surtout à la *fabrication des savons.*

**Les plantes textiles. La toile.** — La *toile* est faite avec des fils de lin, de chanvre ou de coton.

Les tiges de lin ou de chanvre sont d'abord plongées dans l'eau pendant une dizaine de jours ; c'est le *rouissage,* qui a pour but de faciliter la séparation des fibres ; il est suivi d'un broyage.

La filasse qu'on obtient est peignée, puis filée. Autrefois on filait à l'aide de la quenouille et du rouet. Aujourd'hui ce travail se fait plus rapidement avec des machines.

Fig. 282. Métier à tisser.

Les fils obtenus sont tissés par des *métiers mécaniques,* qui remplacent les anciens métiers à bras employés, jadis, par les tisserands *(fig. 282).*

La toile, la batiste, le linon, la toile à voile sont faits avec des fils de lin ou de chanvre.

La cretonne, le calicot sont des tissus de coton.

## Résumé.

| | |
|---|---|
| 1. Qu'appelle-t-on plantes oléagineuses ? | On appelle *plantes oléagineuses* celles dont les fruits ou les graines fournissent de l'huile. |
| 2. Comment extrait-on l'huile ? | Pour extraire l'huile, on écrase les fruits ou les graines sous des meules, et on presse. |
| 3. Parlez des diverses sortes d'huile. | L'huile à manger nous est fournie par l'olivier, le noyer et l'œillette.<br>Le colza donne de l'huile à brûler; le chanvre et le lin, de l'huile pour la peinture et les vernis. L'huile de cotonnier sert surtout à la fabrication des savons. |
| 4. Que savez-vous des plantes textiles ? | Les *plantes textiles* donnent de la filasse, avec laquelle on fabrique la toile ou le calicot.<br>Les principales plantes textiles sont le chanvre, le lin et le cotonnier. |

DEVOIRS. — I. *Vous avez vu fabriquer de l'huile. Dites comment on s'y prend. Quels sont les divers emplois de l'huile ?*

II. *Comment prépare-t-on la filasse du chanvre et du lin ? Que fait-on de cette filasse ? Que savez-vous du coton ?*

## —— 58ᵉ LEÇON ——

# *La Fécule. — Le Sucre. — L'Alcool.*

**Fécule.** — La *fécule* est une substance pulvérulente, blanche, insoluble dans l'eau.

Elle existe toute formée dans les tiges et les racines de diverses plantes et notamment dans les tubercules de la pomme de terre, qui en sont gorgés.

Pour extraire la fécule des pommes de terre, on commence d'abord par laver les tubercules, puis on les râpe de manière à les mettre en une pulpe, en une bouillie fluide. La pulpe est passée à travers un tamis qui retient les impuretés, et la fécule entraînée par l'eau va se déposer sur des tables inclinées ou dans des citernes. On la recueille et on la sèche.

La fécule sert à l'alimentation de l'homme et des animaux, et à divers emplois industriels.

**Sucre.** — Le *sucre* s'extrayait autrefois uniquement de la canne à sucre. Aujourd'hui on le retire surtout de la betterave.

La racine de la betterave est lavée, puis découpée en petits fragments appelés *cossettes*. Ces cossettes sont placées dans des cuves appelées *diffuseurs*, où l'on fait arriver de l'eau chaude qui dissout le sucre de la betterave. On obtient ainsi un jus sucré que l'on purifie, qu'on filtre et qu'on envoie dans de grandes *chaudières*. Là ce jus se réduit, perd une grande partie de son eau qui se dégage sous forme de vapeur, et le sucre se forme en petits grains au milieu d'un sirop brun appelé *mélasse*.

Le contenu des chaudières est versé dans des récipients appelés turbines, qui tournent à une grande vitesse et sont percées de trous à travers lesquels s'écoule la mélasse. Le sucre en grains resté dans les turbines est

Fig. 283. Une raffinerie.

du sucre *brut*. On le passe au raffineur (*fig.* 283), qui le *blanchit*, le purifie et le livre en *pains* ou en morceaux.

**Alcool.** — L'*alcool* existe dans toutes les boissons fermentées : vins, cidres, etc.

Pour l'obtenir, on *distille* le cidre ou le vin. La distillation se fait à l'aide d'un appareil appelé *alambic* (*fig.* 284), qui se compose d'un fourneau, d'une chaudière surmontée d'un chapiteau et d'un serpentin entouré d'eau froide.

Le liquide à distiller est placé dans la chaudière. Sous l'influence de la chaleur du fourneau, l'alcool se dégage, se forme en vapeurs qui viennent dans le serpentin, où elles se refroidissent et reprennent l'état liquide. On a ainsi l'*eau-de-vie*, liqueur funeste à tous ceux qui en abusent.

On produit aussi de l'alcool en très grande quantité en distillant des jus fermentés obtenus avec des betteraves, des pommes de terre, des topinambours ou des grains.

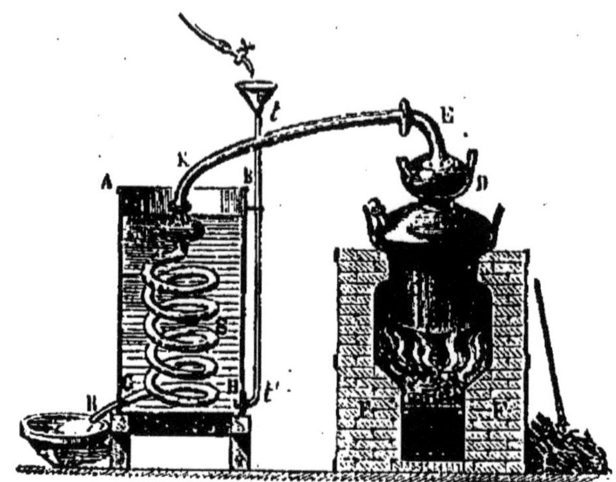
Fig. 284. Alambic, appareil à distillation.

L'alcool est employé dans l'éclairage, dans l'industrie ou pour actionner des moteurs.

Il sert aussi à la fabrication des liqueurs et de l'eau-de-vie, qui ruinent la santé de tous ceux qui en abusent.

## Résumé.

| | |
|---|---|
| 1. Qu'est-ce que la fécule ? | La *fécule* est une substance pulvérulente, blanche, que l'on extrait de la pomme de terre. |
| 2. A quoi sert-elle ? | Elle sert à l'alimentation de l'homme et des animaux. |
| 3. Que savez-vous du sucre ? | Le *sucre* est un aliment d'un goût très agréable. On l'extrait de la canne à sucre et surtout de la betterave. |
| 4. Que savez-vous de l'alcool ? | L'*alcool* existe dans toutes les boissons fermentées : vin, cidre, etc.<br>Il existe aussi dans les jus fermentés obtenus avec des betteraves, des pommes de terre et des grains.<br>On l'obtient par la distillation des boissons ou des jus fermentés. |

**DEVOIRS.** — I. *Comment obtient-on la fécule? Quels sont ses usages? Comment extrait-on le sucre? Qu'appelez-vous sucre brut? sucre raffiné?*

II. *Où trouve-t-on de l'alcool? Qu'est-ce que la distillation? Décrivez un alambic. Vous avez vu distiller : comment procède-t-on? Parlez des usages de l'alcool.*

## 59ᵉ LEÇON

### Le Jardin.

**Utilité du jardin.** — Le *jardin* est un coin de terre destiné à produire des légumes et des fruits. Il doit être établi sur un sol sain, fertile, le plus près possible de la maison. Pour le protéger contre les vents, on l'enclôt de murs ou de haies vives bien taillées.

Le jardin rend de grands services : il fournit des aliments sains et variés, et des fruits que tout le monde aime.

Un jardin bien tenu, agrémenté de quelques fleurs, fait partie de l'habitation, qu'il égaie. C'est un lieu riant, auquel on s'attache et où l'on se plaît.

On aime à le cultiver, à y consacrer ses soins; c'est dans les villes surtout que le jardin peut jouer un rôle bienfaisant. Là le jardinage est un délassement, un exercice au grand air, un travail fortifiant et moralisateur.

Il ne devrait pas exister un seul ménage d'ouvrier, un seul logement urbain sans jardin.

Plus tard vous vous rappellerez ces paroles, mes enfants; vous tâcherez de posséder votre petit jardin : vous le cultiverez, vous l'ornerez, vous l'aimerez, vous vous y plairez.

Fig. 285. Arrosoir.

**Travaux.** — Il y a toujours quelque chose à faire au jardin. Il faut ameublir le sol par des labours à la bêche, apporter du fumier, faire des semis ou des repiquages, sarcler, biner, arroser (*fig. 285*). Il faut tailler les arbres, cueillir les fruits, récolter des légumes : voilà pour les gens sédentaires de quoi actionner leurs muscles et fortifier leur santé.

**Légumes.** — Les principaux légumes cultivés au jardin sont : la pomme de terre, les *choux* (*fig.* 286), les *salades* (*fig.* 287), le *poireau*, l'*oseille*, l'*épinard*, l'*artichaut*, le *céleri*, la *carotte* (*fig.* 288), le *haricot* (*fig.* 289), le *petit pois*, etc.

Fig. 286. Chou cabus.

Fig. 287. Laitue.

**Conservation des légumes.** — Pendant l'hiver, les légumes sont rares et chers (une bonne ménagère doit en faire produire le plus possible à son jardin, pendant la belle saison et en conserver pour l'hiver).

Pour conserver les choux pommés, on les arrache avec leur motte de terre, on les couche dans de petites fosses le long d'un mur exposé au nord.

Fig. 288. Carotte rouge de Luc.     Fig. 289. Haricot flageolet chevrier.

Pendant les grands froids, on recouvre les pommes d'un peu de paille, que l'on enlève dès que la gelée ne sévit plus.

La carotte et les navets se conservent, à la cave, sous le sable.

La chicorée se conserve en place, en la recouvrant de fougères sèches ou de paille pendant les gelées.

Les oignons, ails, échalotes et les haricots secs en gousse sont récoltés à maturité, abandonnés sous le soleil pendant trois ou quatre jours, puis rentrés dans un local sec.

Les haricots verts et les petits pois en grains sont ébouillantés, puis mis dans des boîtes en fer-blanc hermétiquement closes et portées à l'ébullition dans l'eau pendant une heure.

## *Résumé.*

1. Qu'est-ce que le jardin ?   Le *jardin* est une parcelle de terre destinée à produire des légumes, des fruits et des fleurs.

| | |
|---|---|
| 2. Que pensez-vous du jardinage? | Le jardinage est un exercice agréable, sain et productif. Chaque ménage devrait avoir son jardin. |
| 3. Quels légumes connaissez-vous? | Les légumes les plus cultivés sont la pomme de terre, le chou, la salade, le poireau, la carotte, le petit pois, le haricot, etc. |
| 4. Doit-on conserver des légumes pour l'hiver? | Les légumes sont abondants pendant la belle saison et rares en hiver. Une ménagère avisée profitera de cette abondance pour faire une sérieuse provision d'hiver. |
| 5. Quels sont les légumes qu'on peut conserver? | Presque tous les légumes peuvent être conservés, et notamment les choux, la carotte, la chicorée, les haricots, les petits pois. |

DEVOIRS. — I. *Pourquoi aimez-vous votre jardin? Quels sont les travaux qu'on y fait? Quelles plantes y cultive-t-on?*

II. *Indiquez les manières de conserver les différents légumes de votre jardin.*

---

## 60ᵉ LEÇON

## Les Fruits et les Fleurs.

**Fruits.** — Le *pêcher*, l'*abricotier*, le *pommier*, le *poirier*, le *cerisier* et la *vigne* peuvent trouver place au jardin.

Il existe, pour chacun de ces arbres fruitiers, de très nombreuses et très bonnes variétés.

Telles sont les *poires* : *William, Duchesse, Doyenné du Comice, Beurré Diel, Bergamote,* etc. ;

les *pommes* : *Reinette, Calville*;

les *pêches* : *Amsden, Grosse mignonne, Galande*;

les *prunes* : *Reine-Claude, Mirabelle*;

les *cerises* : *Bigareaux* et *Guignes*;

les *raisins* : *Chasselas* et *Madeleine.*

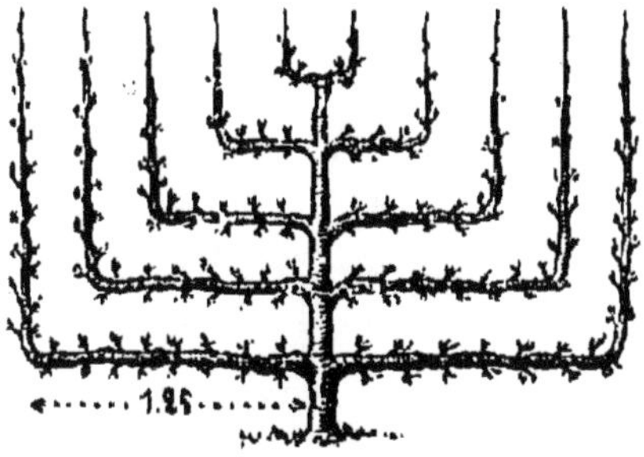

Pour propager ces variétés, on a recours à la greffe.

Le pêcher, l'abricotier, la

Fig. 290. Palmette Verrier.

vigne et les poiriers fragiles sont cultivés en espalier le long des murs exposés au soleil.

Les pommiers, les poiriers rustiques sont plantés le long des allées. Tous ces arbres sont *taillés* (*fig.* 290 et 291).

**Conservation des fruits.** — Pour conserver les fruits, on les cueille à la main, en évitant de les meurtrir, et on les rentre dans une pièce saine où ils suent. Une huitaine de jours après, on les trie avec soin, on choisit ceux qui sont très sains et on les place sur des étagères dans le fruitier.

Le fruitier est un local obscur, ni trop sec, ni trop humide, à température constante voisine de 7 degrés.

A défaut de fruitier, on conserve les fruits dans une cave saine ou cellier, ou dans des caisses garnies d'écales de sarrasin ou de paille de bois.

**Fleurs.** — Le jardin doit avant tout

Fig. 201. Quenouille.

Fig. 202. Girofflée.

Fig. 203. Reine-marguerite.

Fig. 204. Pensées à grandes macules.

Fig. 295. Chrysanthème.

produire des légumes et des fruits; mais il convient d'en faire un lieu agréable et de l'égayer de quelques fleurs.

On peut choisir pour l'agrémenter quelques plantes rustiques, vivaces et faciles à multiplier. De ce nombre sont : la *giroflée* (*fig.* 292), le *géranium*, la *Reine-Marguerite* (*fig.* 293), la *pensée* (*fig.* 294), l'*anémone*, la *pivoine*, le *bégonia*, le *dahlia*, la *julienne*, le *chrysanthème* (*fig.* 295), et surtout le *rosier*.

### Résumé.

| | |
|---|---|
| 1. Quels arbres trouve-t-on au jardin ? | La plupart des *arbres fruitiers* ont leur place au jardin. On y produit des raisins, des pêches, des abricots, des poires, des pommes. |
| 2. Comment propage-t-on les bonnes espèces d'arbre fruitier. | Les bonnes espèces d'arbres fruitiers se propagent par la greffe. On les taille, et les espèces délicates sont mises en espalier. |
| 3. Peut-on conserver les fruits. | On peut mettre en réserve des fruits pour l'hiver. Il faut pour cela les cueillir avec soin et les placer séparément dans un lieu sain, ni trop sec ni trop humide. |
| 4. Doit-on mettre des fleurs au jardin ? | A côté des légumes et des fruits, il est bon de cultiver quelques *fleurs*, telles que la rose, le géranium, le dahlia, le chrysanthème, etc. |

DEVOIRS. — I. *Quelles espèces d'arbres fruitiers avez-vous dans votre jardin ? Où sont placés ces arbres ? Quels soins leur donne-t-on ?*

II. *Aimez-vous les fleurs ? Laquelle préférez-vous ? Pourquoi ?*

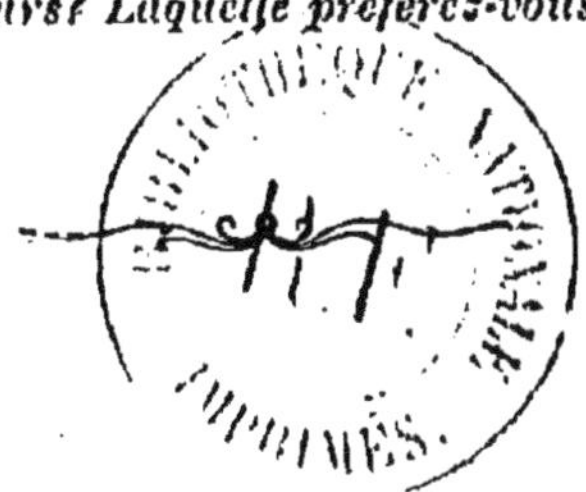

# TABLE DES MATIÈRES

## 1re PARTIE. — LES ÉLÉMENTS. LES MINÉRAUX.


1re Leçon. Les trois règnes. Les trois états des corps . . . . . . . . . . . 1
2e — L'Air . . . . . . . . 3
3e — L'Oxygène . . . . . . . 5
4e — L'Atmosphère . . . . . . 7
5e — Le Sol. Aération du sol . . . . . 9
6e — L'Eau . . . . . . . . 12
7e — Changements d'état de l'eau . . . 15
8e — Emplois de l'eau . . . . . . . 18
9e — Irrigation. Drainage . . . . . . 20
10e — Le Charbon . . . . . . . 24
11e — Le Gaz carbonique. L'Oxyde de carbone . . . . . . . . . . 26
12e — La Chaleur . . . . . . . 28
13e — Applications de la chaleur . . . . 31
14e — La Lumière . . . . . . . 34
15e — Le Soufre . . . . . . . . 36
16e — La Chaux et le Plâtre . . . . 39
  La chaux . . . . . . . 39
  Le plâtre . . . . . . . 40
17e — Amendements . . . . . . . 42
18e — La Potasse et la Soude. La Lessive . 43
19e — Le Sel et ses usages . . . . . 46
20e — L'Azote. Le Nitrate de soude . . . 48
21e — Ammoniaque. Sulfate d'ammoniaque. 50
  Ammoniaque . . . . . . 50
  Sulfate d'ammoniaque . . . . 51

22e Leçon. Phosphore. Acide phosphorique. . . . 52
23e — Les Engrais. Le Fumier . . . . . 54
24e — Engrais complémentaires. . . . . . 56
25e — Les Métaux. . . . . . . . . . . 59

## 2e PARTIE. — L'HOMME.

26e — L'Homme . . . . . . . . . . 63
27e — Le Système nerveux. Les Sens. . . 66
28e — La Nutrition . . . . . . . . . 68
29e — Le Sang. La Circulation . . . . . . 70
30e — La Respiration . . . . . . . . . 73
31e — Alimentation. Logement. Hygiène. . 75

## 3e PARTIE. — LES ANIMAUX.

32e — Les Vertébrés. . . . . . . . . 78
33e — Les Mammifères. . . . . . . . 80
34e — Les Animaux domestiques . . . . 83
    Le cheval. . . . . . . . 83
    L'âne, le mulet . . . . . . 85
35e — Les Bêtes bovines : le Bœuf et la
    Vache. . . . . . . . . . . 85
36e — Le Lait. Beurre et Fromage. . . . 88
37e — Le Mouton, la Chèvre, le Porc . . . 90
    Le mouton, la chèvre. . . . . 90
    Le porc. . . . . . . . . . 92
38e — Les Oiseaux . . . . . . . . . 93
39e — Oiseaux de basse-cour. . . . . . 96
    Les poules. . . . . . . . 96
40e — Oiseaux de basse-cour (suite) . . . 99
    L'oie, le canard, le dindon. . . 99
    Le lapin. . . . . . . . . 100

41ᵉ Leçon. Reptiles, Batraciens . . . . . . . . 101
      Reptiles . . . . . . . . . . 101
      Batraciens . . . . . . . . . 103
42ᵉ — Les Poissons . . . . . . . . . 104
43ᵉ — Les Invertébrés . . . . . . . 106
44ᵉ — Insectes nuisibles . . . . . 109
45ᵉ — Insectes utiles . . . . . . . . 112

## 4ᵉ PARTIE. — LES PLANTES.

46ᵉ — La Plante . . . . . . . . . 115
47ᵉ — La Plante (suite) . . . . . . . 118
48ᵉ — Nutrition de la plante . . . . . 120
49ᵉ — Fleurs et Fruits . . . . . . . 122
50ᵉ — Classification des Plantes . . . . 124
51ᵉ — La Vigne . . . . . . . . . 128
52ᵉ — Le Pommier. Le Cidre . . . . . 132
53ᵉ — Les Prairies. Le Foin . . . . . 135
54ᵉ — Les Céréales . . . . . . . . 139
55ᵉ — Le Pain . . . . . . . . . 142
56ᵉ — Les Plantes sarclées . . . . . 144
57ᵉ — Plantes oléagineuses. Plantes textiles 147
      L'huile . . . . . . . . . 147
      La toile . . . . . . . . . 149
58ᵉ — La Fécule. Le Sucre. L'Alcool . . . 150
59ᵉ — Le Jardin . . . . . . . . . 153
60ᵉ — Les Fruits et les Fleurs . . . . . 155

Paris. — Imprimerie DELALAIN FRÈRES, 18, rue Séguier.

www.ingramcontent.com/pod-product-compliance
Ingram Content Group UK Ltd.
Pitfield, Milton Keynes, MK11 3LW, UK
UKHW022223120726
13694UKWH00002B/672